Die Hauptsätze

der

Astronomie

zum Gebrauche bei seinen Vorlesungen für Gebildete

zusammengestellt

von

August Ferdinand Möbius
Professor der Astronomie.

Leipzig,
bei Georg Joachim Göschen
1836.

Inhalt.

Die Hauptsätze

der

Astronomie.

I. Von der Erde.

1. Von der täglichen Umdrehung der Himmelskugel.

Die Erde erscheint uns als eine große Kreisscheibe, und der Himmel als ein darauf ruhendes Kugelgewölbe.

Horizont. Verticallinie. Zenith. Nadir.

Fast alle Himmelskörper bleiben in unveränderter Lage gegen einander, verändern aber fortwährend ihre Lage gegen den Horizont, so daß es scheint, als ob sie an der innern Fläche einer Hohlkugel, in deren Mittelpunkte sich der Beobachter befindet, befestiget wären und durch gleichförmige Umdrehung dieser Kugel um eine durch den Mittelpunkt gehende feste Axe eine gemeinschaftliche Kreisbewegung erhielten.

Weltaxe. Nordpol. Aequator. Parallelkreise. — Meridian. Mittagslinie. Nord-, Süd-, Ost-, Westpunkt. — Polhöhe. Aequatorhöhe. — Culmination, obere, untere. Sterntag. — Aufgang. Untergang.

Folgerungen. Die Sterne, deren Entfernung vom Nordpole (Südpole) kleiner, als die Polhöhe, ist, gehen nie unter (auf). Die Zeit von der obern Culmination bis zur untern ist der Zeit von der untern bis zur obern gleich. — Die Zeit vom Aufgange bis zum Untergange wird durch die Culmination halbirt. — Verschiedene Geschwindigkeit der Sterne in ihren Parallelkreisen.

2. Von der Gestalt der Erde.

Beobachtungen. 1) An jedem Orte der Erde werden die scheinbaren gegenseitigen Entfernungen der Sterne von derselben Größe beobachtet. 2) Dagegen ist die Polhöhe nicht an jedem Orte von gleicher Größe, sondern ist größer in den nördlich von uns liegenden Ländern, kleiner in den südlich gelegenen. 3) Eben so geht auch ein und derselbe Stern an verschiedenen Orten nicht zu gleicher Zeit auf oder unter, sondern früher an östlicheren, später an westlicheren.

Aus 1) folgt, daß auch der größte Abstand, den zwei Oerter auf der Erde von einander haben können, gegen die Abstände der Sterne von der Erde unendlich klein ist; aus 2), daß die Erde von Norden nach Süden, und aus 3), daß sie von Osten nach Westen gekrümmt ist. Genauere Beobachtungen zeigen, daß beide Krümmungen kreisförmig sind, und die Erde der Gestalt einer Kugel sehr nahe kömmt, was auch durch andere Erfahrungen und Beobachtungeu vollkommen bestätigt wird. Dahin gehören: a) die Rundung des Horizonts; b) die Bemerkung, daß von hohen und entfernten irdischen Gegenständen nur die obern Theile sichtbar sind; c) der runde Schatten der Erde bei Mondfinsternissen; d) die Reisen um die Erde seit 1519.

Erdaxe, Erdpole, irdischer Aequator, irdische Meridiane und Parallelkreise. — Länge, Breite. Die Breite eines Orts ist seiner Polhöhe gleich.

3. Von der Größe der Erde.

Der Unterschied der Polhöhen zweier Oerter, die in einerlei Meridiane liegen, giebt den zwischen die Oerter fallenden Bogen des Meridians in Graden ausgedrückt. Mißt man hierauf denselben Bogen nach einem bekannten Längenmaße, z. B. nach Meilen, so erhält man durch Vergleichung der auf den Bogen gehenden Grade und Meilen die Anzahl von Meilen, welche auf 360 Grade, d. i. auf den ganzen Umring der Erde gehen.

Aelteste Ausmessungen: von Eratosthenes, 400 J. vor Chr.; von Posidonius, 200 J. vor Chr.; vom Kalifen Almamum, 827 J. nach Chr.

Vervollkommnetere Messungen: von Snellius 1615 (Triangulirung): von Picard 1669 (Fernröhre); von Joh. und Jak. Cassini von 1683 bis 1718.

4. Von der Axendrehung der Erde.

Die Erscheinung der täglichen Umdrehung der Himmelskugel um eine feste Axe von Morgen nach Abend kann auch dadurch hervorgebracht werden, daß die Himmelskugel ruht, und daß die Erdkugel sich täglich einmal um dieselbe Axe von Abend nach Morgen dreht. Letztere Annahme ist wegen der größtentheils unermeßlichen Entfernungen der unzählig vielen Himmelskörper ungleich wahrscheinlicher, als die Drehung der Himmelskugel. Seitdem man aber in neuerer Zeit die Erdkugel an beiden Polen etwas abgeplattet gefunden und an verschiedenen Orten Beobachtungen über die Schwingungszeiten von Pendeln und über die Abweichung fallender Körper von der Verticallinie nach Osten angestellt hat, ist die Drehung der Erdkugel bis zur vollkommensten Gewißheit erhoben.

5. Genauere Bestimmung der Gestalt und Größe der Erde.

Messungen, wodurch vorzüglich die Gestalt der Erde näher bestimmt werden sollte, sind die von Bouguer, de la Condamine u. a. im nördlichen Theile von Peru (1735—44) und von Maupertuis, Clairaut u. a. in Lappland (1736—37) angestellten. Es ergaben sich hieraus die Grade eines Meridians nach dem Aequator zu kleiner, nach den Polen zu größer, und man schloß daraus, daß die Erde an den Polen etwas abgeplattet seyn müsse.

Die berühmteste unter den neueren Gradmessungen ist die in Frankreich zur Bestimmung einer Maßeinheit (Métre = dem 10 000 000sten Theile eines Meridianquadranten) unternommene. Delambre und Mechain 1792—98; — Biot und Arago 1807—8. Aus dieser und mehrern andern in neuerer Zeit ausgeführten Messungen ergeben sich

der halbe Aequatorialdurchm. = 3 271 773 Toisen
der halbe Polardurchmesser = 3 260 940 „
ein mittlerer Erdgrad = 57 008$\frac{7}{10}$ „
die Abplattung = $\frac{1}{302}$.
(1 Toise = 6 paris. Fuß.)

Eine geographische Meile ist der 15te Theil eines mittlern Grades, = 3800$\frac{6}{10}$ Toisen. Nimmt man die Erde für eine Kugel an, deren Grade jenem mittlern Grade gleich sind, so enthält der ganze Umfang 5400 und der Durchmesser 1719 geogr. Meilen.

6. Von der Atmosphäre.

Die Erde ist ringsum von einer schweren, elastischen und durchsichtigen Flüssigkeit umgeben, welche die Atmosphäre genannt wird. Da hiernach die obern Theile der Atmosphäre die untern zusammendrücken, so ist sie an der Erdoberfläche am dichtesten und nimmt an Dichtigkeit immer mehr ab, je weiter man sich von der Erde entfernt. Ihre Höhe dürfte nicht über 10 Meilen betragen.

Durch die Atmosphäre werden die Strahlen der Sterne von ihrem Wege etwas abgelenkt, so daß jeder Stern höher erscheint, als er wirklich steht. Dieser Unterschied zwischen der wahren und scheinbaren Höhe heißt die Refraction. Sie ist am Horizonte am größten, im Mittel 33 Minuten, in der Höhe von 43 Graden nur noch 1 Minute, im Zenith null. — Wegen der Refr. scheinen die Sterne eher auf- und später unterzugehen. — Elliptische Gestalt der Sonnen- und Mondscheibe am Horizonte.

Noch andere durch die Atmosph. bewirkte Erscheinungen sind die Morgen- und Abenddämmerung, die blaue Farbe des Himmels, das Funkeln der Fixsterne.

II. Von der Sonne.

7. Bewegung der Sonne in der Ekliptik.

Die Sonne verändert ihre Lage gegen die Sterne fortwährend, und zwar dergestalt, daß sie in dem Zeitraume von 365$\frac{1}{4}$

Tagen, welchen man ein Jahr nennt, der täglichen Bewegung entgegen einen größten Kreis, die Ekliptik, zu beschreiben scheint. Der Winkel dieses Kreises mit dem Aequator, oder die Schiefe der Ekliptik, beträgt 23° 28′.

Frühlings- und Herbstäquinoctialpunkt (21. März und 22. Juni); Sommer- und Wintersolstitialpunkt (23. Sept. und 22. Dec.). — Theilung der Ekliptik in zwölf Zeichen. — Länge der Sonne. — Sonnenzeit. 1 Tag Sonnenzeit beträgt in Mittel 1 Tag 3′ 57″ Sternzeit.

8. Elliptische Bewegung der Sonne.

Die scheinbare Geschwindigkeit der Sonne in ihrer Bahn ist nicht immer von derselben Größe. Am größten ist sie bei einer Länge der Sonne von 280° (d. 1. Jan.), wo letztere in einem Tage um 61′ 10″ fortrückt; am kleinsten ist die Geschwindigkeit bei einer Länge von 100° (d. 1. Juli), wo die Sonne in einem Tage einen Bogen von 57′ 11″ beschreibt.

Auch der scheinbare Durchmesser der Sonne, mithin auch ihre Entfernung von der Erde, ist kleinen Aenderungen unterworfen. Am größten ist ihr Durchmesser, = 32′ 36″, folglich ihre Entfernung am kleinsten, da, wo ihre Geschwindigkeit am größten ist. Am kleinsten ist der Durchmesser, = 31′ 31″, folglich die Entfernung am größten, in dem entgegengesetzten Punkte der Bahn, wo die Geschwindigkeit am kleinsten ist.

Aus diesen und vielen andern Beobachtungen über den scheinbaren Durchmesser und die scheinbare Geschwindigkeit der Sonne hat man gefunden, daß die Soune alljährlich eine Ellipse beschreibt, in deren einem Brennpunkte die Erde ruht, und daß die gerade Linie vom Mittelpunkte der Erde nach dem Mittelpunkte der Sonne (Radius Vector der Sonne) in gleichen Zeiten gleiche Flächen der Ellipse überstreicht. — Die Excentricität dieser Ellipse ist $= \frac{1}{60}$.

9. Wahre Größe und Entfernung der Sonne.

Aus dem mittlern Werthe des scheinbaren Sonnendurchmessers, 32′ 3″, folgt, daß die Sonne im Mittel um $107\frac{3}{10}$ ihrer Durchmesser von der Erde entfernt ist. Aus den in den Jahren

1761 und 1769 beobachteten Vorübergängen der Venus vor der Sonnenscheibe hat man berechnet, daß die Erde von der Sonne aus unter einem Winkel von 17$\frac{1}{8}$ Sec. erscheint. Hieraus folgt, daß der Durchmesser der Sonne 112 mal, ihre Oberfläche 12 563 mal und der körperliche Inhalt 1 408 040 mal größer, als der Durchmesser, die Oberfläche und der körperliche Inhalt der Erde ist, und daß die Sonne um 12 023 Erddurchmesser oder 20 666 800 Meilen von der Erde im Mittel entfernt ist.

10. Von der Bewegung der Erde um die Sonne.

Das Phänomen der jährlichen Bewegung der Sonne um die Erde läßt sich auch dadurch erklären, daß die Sonne ruht, und daß die Erde alljährlich um die in dem einen Brennpunkte stehende Sonne eine Ellipse von derselben Größe und Form mit derselben Richtung und Geschwindigkeit beschreibt, welche die Sonne um die Erde zu beschreiben scheint. Diese Erklärung ist schon deshalb viel wahrscheinlicher, weil die Sonne ein fast anderthalb Millionen mal größerer Körper, als die Erde ist, und wird durch kleine in der Mitte des vorigen Jahrhunderts an den Fixsternen entdeckte Bewegungen (Aberration des Lichts) auf das unumstößlichste bewiesen.

Perihelium, Aphelium, Apsidenlinie.

11. Veränderungen der Elemente, welche die Bewegung der Erde um die Sonne und um ihre Axe bestimmen.

Während sich die Erde jährlich einmal um die Sonne bewegt, dreht sie sich täglich einmal um eine sich zwar nahe, aber doch nicht ganz vollkommen, parallel bleibende Axe. Diese Axe dreht sich nämlich in dem Zeitraume von fast 26 000 Jahren nach einem der Bewegung der Erde um die Sonne entgegengesetztem Sinne um die Axe der Ekliptik, mit welcher Axe sie nahe immer denselben Winkel (= der Schiefe der Ekliptik) macht.

Folgen dieser Drehung der Axe sind: das Rückwärtsgehen der Aequinoctialpunkte in der Ekliptik um 50$\frac{1}{10}$ Sec. jährlich, — die langsame Aenderung der Lage der Sterne gegen den Aequator und dessen Pole, — der zu machende Unterschied zwischen den Zeichen und den Bildern der Ekliptik, — der Unterschied zwischen

dem tropischen Jahre	= 365 Tage	5 St.	48 Min.	50 Sec.
und dem siderischen ꞉	= 365 ꞉	6 ꞉	9 ꞉	10 ꞉

Die Schiefe der Ekliptik hat seit der ältesten historischen Zeit fortwährend abgenommen; diese Abnahme beträgt in 100 Jahren 46 Sec.

Die Apsiden rücken jährlich 12 Sec. vorwärts.

Die Excentricität vermindert sich in 100 Jahren um $\frac{1}{24021}$.

12. Von den Flecken und der Axendrehung der Sonne.

Nicht selten erblickt man auf der Sonne schwarze Flecken, die in der Regel vor einem lichtschwachen grauen Nebel umgeben sind. Aus der Bewegung derselben folgt, daß sich die Sonne in 25 Tagen und 10 Stunden nach derselben Richtung, wie die Erde, um eine Axe dreht, die mit der Axe der Ekliptik einen Winkel von 7½ Grad macht, und deren Nordpol nach dem 340. Grade der Ekliptik zu liegt.

Größe und Veränderlichkeit der Flecken. — Herschels Hypothese über die Natur derselben. — Sonnenfackeln. — Zodiakallicht.

III. Von dem Monde.

13. Vom Laufe des Mondes um die Erde.

Unter allen Himmelskörpern hat der Mond scheinbar die größte eigene Bewegung. Seine Bahn, in der er eben so, wie die Sonne, von Abend nach Morgen fortrückt, durchläuft er in Bezug

auf die Sonne:	in 29 Tag.	12 St.	44′	3″	— synodischer Monat
꞉ ꞉ Sterne: ꞉	27 ꞉	7 ꞉	43′	12″	— siderischer ꞉
꞉ ꞉ Aequinoct. ꞉	27 ꞉	7 ꞉	43′	5″	— periodischer ꞉

Die scheinbare Mondsbahn ist ein größter Kreis, der die Ekliptik unter einem Winkel von 5° 8′ 47″ schneidet. Die Schneidepunkte heißen die Knoten. — Aufsteigender — niedersteigender Knoten.

Die Knoten haben eine rückgängige (der scheinbaren eigenen Bewegung der Sonne oder des Mondes entgegengesetzte) Bewegung, welche in 365 Tagen 19° 19′ 42″ beträgt.

Siderische Umlaufszeit der Knoten: 18 jul. Jahre 219 Tage.

14. Lichtgestalten, Entfernung und Größe des Mondes.

Die Veränderung der Lichtgestalt des Mondes hängt mit seiner scheinbaren Entfernung von der Sonne genau zusammen. Es beweist diese Veränderung, daß der Mond eine an sich dunkle von der Sonne erleuchtete Kugel ist, und daß er uns um vieles näher, als die Sonne, seyn muß. Aus dem zu gleicher Zeit von verschiedenen Orten der Erde beobachteten verschiedenen Stande des Mondes gegen die benachbarten Sterne hat man geschlossen, daß vom Monde aus der Halbmesser der Erde im Mittel unter dem Winkel von 57′ 1″ erscheint, daß folglich der Mond von der Erde um $60\frac{3}{10}$ Halbmesser der letztern, d. i. um 51800 Meilen im Durchschnitte von dem Mittelpunkte der Erde entfernt ist, und uns damit 399 mal näher, als die Sonne, steht.

Der scheinbare Durchmesser des Mondes ist im Mittel = 31′ 7″. Hieraus folgt sein wahrer Durchmesser = $\frac{3}{11}$ des Durchmessers der Erde = 469 Meilen; seine Oberfläche = $\frac{1}{13}$ und sein körperlicher Inhalt = $\frac{1}{49}$ der Oberfläche und des Inhalts der Erde.

15. Genauere Bestimmmung der Bewegung des Mondes.

Die scheinbare Geschwindigkeit des Mondes und sein scheinbarer Durchmesser sind kleinen Veränderungen unterworfen, die sich ziemlich befriedigend erklären lassen, wenn man annimmt, daß der Mond sich in einer Ellipse bewegt, in deren einem Brennpunkte die Erde sich befindet; und daß der Radius Vector des

Mondes in gleichen Zeiten gleiche Flächen beschreibt. Die Excentricität dieser Ellipse ist = $\frac{1}{18}$.

Perigäum, Apogäum, Apsidenlinie.

Die Apsidenlinie hat eine vorwärts gehende Bewegung von 40° 40′ jährlich. Ihre tropische Umlaufszeit beträgt 8 julian. Jahre 309½ Tage.

Der Mond kehrt uns immer nahe dieselbe Seite zu und dreht sich daher bei jedem Umlauf um eine auf der Ebene seiner Bahn nahe perpendicular stehende Axe. Diese Umdrehung ist vollkommen gleichförmig, und die Axe macht mit der Axe der Ekliptik einen Winkel von 1° 30′. Hierdurch wird die Libration oder das Schwanken des Mondes in Länge und Breite erklärt.

16. Von den Mondfinsternissen.

Die von der Sonne erleuchtete Erde wirft einen kegelförmigen Schatten hinter sich, der $108\frac{3}{10}$ Erddurchmesser lang ist. Tritt der nur 30 Durchmesser der Erde von ihr entfernte Mond in diesen Schatten, so erleidet er eine Finsterniß. In der Gegend, wo der Mond durch den Schatten geht, ist der Durchmesser des Schattens $2\frac{2}{3}$ mal so groß, als der Durchmesser des Mondes. — Es folgt hieraus, daß eine Mondfinsterniß nur zur Zeit des Vollmonds, und wenn der Mond nahe bei dem einen seiner Knoten steht, statt finden kann. Im Durchschnitte ereignet sich eine solche, wenn der Vollmond weniger als 10½ Grade von dem einen der beiden Knoten entfernt ist.

Totale, partiale Finsternisse. — Eine Mondfinsterniß beginnt am östl. Rande des Mondes und hört auf am westlichen. — Unsicherheit des Anfangs und Endes wegen des Halbschattens. — Röthliche Farbe des Mondes bei totalen Finsternissen.

17. Von den Sonnenfinsternissen.

Die Länge des Schattens, den der von der Sonne beleuchtete Mond hinter sich wirft, ist nahe dem Abstande des Mondes von der Erde gleich. Der Durchmesser des Halbschattens an der Spitze des ganzen Schattens ist $\frac{5}{9}$ des Durchmessers der

Erde. Trifft nun der Halbschattenkegel die Erde, so wird in allen den Ländern, welche innerhalb des Kreises des Halbschattens liegen, eine Sonnenfinsterniß, d. i. eine ganze oder theilweise Bedeckung der Sonne von dem Monde, wahrgenommen, und der bedeckte Theil der Sonne ist um so größer, je näher der Beobachter dem ganzen Schatten ist.

Sonnenfinsternisse ereignen sich daher nur zur Zeit des Neumondes, und wenn der Mond nahe bei dem einen seiner Knoten, durchschnittlich nicht mehr als 16° von ihm entfernt, ist. Totale, partiale, ringförmige Finsternisse.

Eine Sonnenfinsterniß nimmt für einen bestimmten Ort der Erde ihren Anfang am westlichen Sonnenrande und hört auf am östlichen.

Gebrauch der Mond- und vorzüglich der Sonnenfinsternisse zu geographischen Längenbestimmungen.

18. Physische Beschaffenheit des Mondes.

Mondcharten von Galiläi, Hevel, Riccioli, Cassini, Tobias Maier, Schröter, Lohrmann, Beer und Mädler. — Ausmessung der Erhabenheiten und Vertiefungen auf der Mondfläche.

Die Erhabenheiten sind größtentheils Wall- oder Ringgebirge, die zuweilen Ebenen, meistens aber tiefe Krater einschließen; außerdem noch einzeln stehende Berge, fortgehende Gebirgsketten und flache Bergadern.

Außer den genannten Kratern giebt es noch viele Vertiefungen ohne Wallberge und nicht sehr tiefe Rillen oder Kanäle.

Die Ebenen haben eine graue Farbe, sind aber nicht Meere, wie man ehedem glaubte. Ueberhaupt findet sich auf dem Monde keine Spur von Wasser, so wie auch die den Mond umgebende Atmosphäre viel dünner als die unsrige seyn muß.

Wahrscheinliche Bildung der Mondfläche. Beobachtete Veränderungen auf derselben.

IV. Von den Planeten.

19. Scheinbare Bewegung der Planeten.

Die bei weitem meisten Sterne verändern ihre gegenseitige Lage nur unmerklich und werden deshalb Fixsterne genannt. Nur einige wenige haben eine auffallende eigene Bewegung und heißen daher Planeten. Fünf derselben, Merkur, Venus, Mars, Jupiter und Saturn, lassen sich mit bloßen Augen wahrnehmen und unterscheiden sich von den übrigen Sternen, außer ihrem Fortrücken, noch durch ihr weniger funkelndes Licht. Durch Fernröhre beobachtet, zeigen sich die Planeten als kleine Scheiben.

Alle Planeten, die vier zuletzt entdeckten ausgenommen, entfernen sich von der Ekliptik nie über 9 Grad. Zodiakus.

Merkur und Venus halten sich immer in der Nähe der Sonne auf. Abend= und Morgenstern. Conjunction, größte östliche und westliche Digression.

Die übrigen Planeten können in Bezug auf die Sonne jede Stellung einnehmen. — Conjunction, Opposition, östliche und westliche Quadratur. — Den größten Theil der Zeit sind diese Planeten rechtläufig. Ihre rechtläufige Bewegung ist in der Conjunction am größten, jedoch immer noch kleiner, als die der Sonne. Einige Zeit vor und nach der Opposition sind sie rückläufig. — Synodische Umlaufszeit.

20. Wahre Bewegung der Planeten.

Die einfachste, von Copernikus (geb. 1473, gest. 1543) gegebene, Erklärung der scheinbaren Bewegung ist folgende: Die Planeten beschreiben, jeder mit nahe gleichförmiger Geschwindigkeit, nahe kreisförmige und von der Ebene der Ekliptik nur wenig abweichende Bahnen um die Sonne. Die Bahnen des Merkurs und der Venus werden von der Erdbahn, und letztere wird von den Bahnen der übrigen Planeten eingeschlossen. Die Erde ist hiernach gleichfalls ein Planet. — Untere, obere Planeten. — Methode, die siderischen Umlaufszeiten und die Entfernungen der Planeten von der Sonne zu bestimmen.

	Synod. Uml.			Sider. Uml.			Entf. v. d. Sonne.
Merkur	— Jahr	116	Tage	— Jahr	88	Tage	0,387
Venus	1 =	219	=	— =	225	=	0,723
Erde				— =	365	=	1,000
Mars	2	49		1 =	322	=	1,524
Jupiter	1	34		11 =	315	=	5,203
Saturn	1	13		29 =	167	=	9,539

21. Genauere Bestimmuug der Planetenbewe-guugen.

Die Bewegungen der Planeten richten sich nach folgenden drei von Kepler (geb. 1571, gest. 1630) entdeckten Gesetzen:

Jeder Planet bewegt sich in einer Ellipse, in deren einem Brennpunkte die Sonne sich befindet.

Der Radius Vector eines Planeten beschreibt in gleichen Zeiten gleiche Flächen.

Die Quadrate der Umlaufszeiten der Planeten verhalten sich wie die Würfel ihrer mittlern Entfernungen von der Sonne.

Die Elemente einer Planetenbahn, d. i. die zur Bestimmung des Laufs eines Planeten nöthigen Stücke, sind hiernach folgende sechs: Länge des aufsteigenden Knoten, Neigung, Länge des Perihels, Excentricität, halbe große Axe, Länge in der Epoche.

22. Vom Merkur, Venus und Mars.

	Neigung.	Excntr.	Scheinb. Durchmesser.	Wahrer Durchmesser.	Inhalt	Axendrehung.
Merkur	7° 0′	$\frac{1}{5}$	5″ bis 12″	0,389	$\frac{1}{17}$	24 St. 5′
Venus	3° 23′	$\frac{1}{146}$	10″ = 61″	0,975	$\frac{13}{14}$	23 = 21′
Erde		$\frac{1}{60}$		1,000	1	23 = 56′
Mars	1° 51′	$\frac{1}{11}$	4″ = 18″	0,517	$\frac{1}{7}$	24 = 39′
Jupiter	1° 19′	$\frac{1}{21}$	30″ = 46″	10,860	1281	9 = 56′
Saturn	2° 30′	$\frac{1}{18}$	16″ = 20″	9,982	995	10 = 29′

Merkur und Venus glänzen mit weißem Lichte. — Phasen derselben. — Vorübergang des M. und der V. vor der Sonne. — Atmosphärische Erscheinungen auf denselben.

Mars hat ein röthliches Licht; er erscheint in den Quadraturen nicht völlig rund. Die Flecken auf ihm sind größtentheils beständig; besonders merkwürdig sind die glänzenden Flecken an seinen Polen.

23. Vom Jupiter nnd seinen vier Monden.

Jupiter ist nach der Venus der glänzendste Planet; sein Licht ist gelblich. — Dunkle Streifen auf seiner Oberfläche. Veränderlichkeit derselben. Dunkle Flecken, aus deren Bewegung man eine Axendrehung von 9 St. 56 M. hergeleitet hat. Die Axe ist perpendicular auf den Streifen. Der Aequator Jupiters macht mit der Ebene der Ekliptik einen Winkel von 3° 6′. An den Polen ist J. in dem Verhältniß von 107 zu 100 abgeplattet.

Um den Jupiter laufen in nahe kreisförmigen Bahnen und nahe bei der Ebene seines Aequators vier Monde, die wir fast in gerader Linie und fast parallel mit den Streifen sich hin und her bewegen sehen. Ihre Abstände von J. Mittelpunkte, ausgedrückt in Halbmessern J., sind: $6\frac{1}{10}$, $9\frac{6}{10}$, $15\frac{4}{10}$, 27; ihre Umlaufzeiten: 1 Tag 18 St., 3 T. 13 St., 7 T. 4 St., 16 T. 17 St.; ihre Durchmesser: $\frac{1}{35}$, $\frac{1}{47}$, $\frac{1}{24}$, $\frac{1}{34}$ des Durchmessers des J. — Merkwürdige Verhältnisse bei ihren Bewegungen. — Verfinsterungen der Monde durch Jupiters Schatten. Die Beobachtung dieser Finsternisse veranlaßte den dänischen Astronomen Olaus Römer im J. 1675 zur Entdeckung der Geschwindigkeit des Lichts; er fand, daß das Licht in 8′ 13″ den Halbmesser der Erdbahn und daher in 1 Sec. 41 000 Meilen durchläuft. — Veränderlichkeit in der Helligkeit der Jupitersmonde. Man hat hieraus gefolgert, daß jeder von ihnen dem Jup. immer dieselbe Seite zukehrt.

24. Vom Saturn, seinem Ringe und seinen sieben Monden.

Saturn hat eine matt weiße Farbe und helle und dunkle Streifen, die aber breiter und weniger scharf begränzt, als die Streifen auf dem Jupiter sind. Auch bemerkt man oft dunkle Flecken, woraus man auf eine Axendrehung geschlossen. Die Axe ist gegen die Ekliptik um 60° geneigt.

Saturn ist, nach Huyghens Entdeckung im J. 1660, von einem frei über dem Aequator des S. schwebenden Ringe umgeben.

Die Breite des Ringes und sein Abstand von S. Oberfläche verhalten sich zum Halbmesser des S., wie 67 und 43 zu 90; die Dicke des Ringes ist kaum $\frac{1}{90}$ des Halbmessrrs des S. Die Breite des Ringes ist nach den Beobachtungen neuerer Astronomen durch einen dunkeln Streifen, = $\frac{1}{17}$ der Breite, von außen nach innen im Verhältniß von 5 zu 8 getheilt, und der Ring ist hiernach eigentlich aus zwei concentrischen Ringen zusammengesetzt. — Erscheinung des Ringes von der Erde aus, vom Saturn aus. — Umdrehung desselben um die Axe Saturns. — Excentrische Lage des Ringes gegen den Saturn, von Schwabe 1832 bemerkt.

Saturn ist von 7 Monden umgeben. Den 6. entdeckte Huyghens im J. 1655; den 7., 5., 4., 3. Cassini gegen Ende des 17. Jahrhunderts; den 1. und 2. Herschel in den Jahren 1787 und 1789. Die Bahnen der 6 ersten Monde sind nahe kreisförmig und liegen nahe in der Ebene des Ringes; der 7te bewegt sich in einer wenig gegen die Ekliptik geneigten Ebene. Ihre Umlaufszeiten gehen von 23 St. bis 79 Tage 8 St.; ihre Abstände von S. Mittelpunkte gehen von $3\frac{4}{10}$ bis $64\frac{4}{10}$ Halbmesser des S. — Der größte ist der 6te, sein Durchmesser ist $\frac{1}{17}$ des S. Durchmessers. Aus Lichtveränderungen, die man an den 5 letzten wahrgenommen, hat man geschlossen, daß sie dem Saturn immer dieselbe Seite zukehren.

25. Von den in neuerer Zeit entdeckten Planeten.

Uranus wurde den 13. März 1781 von Herschel entdeckt.

Umlaufszeit des Uranus 84 Jahre 8 Tage; mittlere Entfernung von der Sonne 19,182; Neigung 0° 46′; Excentr. $\frac{1}{21}$; scheinbarer Durchm. 4″; wahrer Durchm. 4,332; körp. Inhalt 80. — Sein Licht ist weiß; mit bloßem Auge ist er nicht leicht zu erkennen.

Herschel hat noch 6 den Ur. begleitende Monde entdeckt. Jedoch ist nur die Existenz zweier derselben unbestritten gewiß. Sie zeigen einen starken Lichtwechsel, sind um 17 und 23 Halbmessee des Ur. von diesem entfernt und umkreisen ihn in 8 Tag. 17 St. und 13 Tag. 11 St. Ihre Bahnen sind auf der Erdbahn beinahe senkrecht (79° geneigt), und die Richtung ihrer

Bewegung geht von Osten nach Westen, während sich die Monde der andern Planeten, so wie alle Planeten selbst, von Westen nach Osten bewegen.

Schon lange vermuthete man, daß sich in dem Raume zwischen Mars und Jupiter ein Planet befände. Diese Vermuthung bestätigte sich, als Piazzi d. 1. Jan. 1801 die Ceres entdeckte. Bald darauf wurden in demselben Raume noch 3 andere Planeten: Pallas von Olbers d. 28. März 1802, Juno von Harding d. 1. Sept. 1804, Vesta von Olbers d. 29. März 1807 entdeckt.

	mittl. Entf. v. d. Sonne.	Umlaufszeit.	Neigung.	Excentr.
Vesta	2,368	3 J. 230 T.	7° 8′	$\frac{1}{11}$
Juno	2,669	4 „ 132 „	13° 4′	$\frac{8}{31}$
Ceres	2,767	4 „ 220 „	10° 37′	$\frac{1}{13}$
Pallas	2,773	4 „ 226 „	34° 35′	$\frac{7}{29}$

Die Durchmesser dieser vier Planeten sind sehr klein, nach Schröter einige hundert Meilen, nach Herschel 20 bis 40 Meilen. Juno, Ceres und Pallas sind mit hohen Nebelhüllen umgeben. Ceres und Pallas erscheinen zu verschiedenen Zeiten verschieden gefärbt.

26. Von den Kräften, durch welche die Bewegungen der Planeten hervorgebracht werden.

Das Gesetz der Trägheit. — Das Parallelogramm der Kräfte. — Bewegung eines Körpers, der einen Stoß erhalten hat und von einer nach einem festen Punkte zu gerichteten Kraft fortwährend getrieben wird. Die gerade Linie von diesem Punkte nach dem sich bewegenden Körper beschreibt in gleichen Zeiten gleiche Flächen. — Die Planeten werden von einer nach der Sonne gerichteten Kraft getrieben, oder, wie man sich ausdrückt: sie werden von der Sonne angezogen. Unter der Voraussetzung, daß die Planeten in gleichen Entfernungen von der Sonne auf gleiche Weise von ihr angezogen werden, folgt aus dem dritten Kepler'schen Gesetze, daß die anziehende Kraft umgekehrt dem Quadrate der Entfernung der Planeten von der Sonne proportional ist. Dieses Gesetz der anziehenden Kraft, und damit die gemachte Voraussetzung, werden durch das erste Kepler'sche Gesetz bestätigt.

Eben so, wie die Bewegung der Planeten um die Sonne durch eine anziehende Kraft der Sonne, wird auch die Bewegung des Mondes um die Erde durch eine anziehende Kraft der Erde erklärt. Es ist dies dieselbe Kraft, welche alle irdischen Gegenstände, wenn sie von der Erde getrennt werden, nach ihr zurücktreibt. Auf gleiche Art werden auch die Bewegungen der übrigen Monde um ihre Hauptkörper durch eine anziehende Kraft der letztern hervorgebracht. Denn diese Bewegungen richten sich ebenfalls nach Keplers Gesetzen.

Neuton (geb. 1642, gest. 1727) folgerte aus diesen von ihm angestellten Untersuchungen, daß je zwei Theile der Materie sich gegenseitig anziehen, und daß diese anziehende Kraft sich direct wie die Masse des anziehenden Theils und umgekehrt wie das Quadrat seiner Entfernung vom angezogenen Theile verhält.

Es werden daher nicht nur die Planeten von der Sonne, sondern auch diese von jenen, und überhaupt je zwei Körper des Systems, von einander angezogen. Hierdurch werden alle kleinen Abweichungen von den Kepler'schen Gesetzen in dem Laufe der Planeten, die abgeplattete Gestalt der Erde, das Rückwärtsgehen der Aequinoctien, die Ebbe und Fluth 2c. auf das vollkommenste erklärt. — Störungen. — Stabilität des Planetensystems.

27. Von der Masse und Dichtigkeit der Planeten.

Durch Vergleichung der anziehenden Kräfte, welche die Erde auf den Mond und die Sonne auf die Erde ausüben, erhält man nach Neutons Gesetz das Verhältniß der Erdmasse zur Sonnenmasse. Auf eben die Art ergeben sich die Massen des Jupiter, Saturn und Uranus im Vergleich zur Sonnenmasse. Die Massen der Planeten Merkur, Venus und Mars, welche keine Begleiter haben, lassen sich durch die Störungen bestimmen, die jeder von ihnen im Laufe der übrigen Planeten hervorbringt.

Aus den Verhältnissen der Massen finden sich die Verhältnisse der Dichtigkeiten der Planeten, da sich die Dichtigkeiten zweier Körper direct wie die Massen und umgekehrt wie die Räume der Körper verhalten.

Die Dichtigkeit der Erdkugel ist durchschnittlich 5 mal so groß, als die des Wassers. Man hat dieses durch Beobachtung der Ablenkung eines Pendels aus der verticalen Lage durch einen nahe stehenden Felsen gefunden.

Daraus, daß ein Körper an der Oberfläche der Erde in der 1sten Secunde $15\frac{1}{10}$ pariser Fuß fällt, und aus den Verhältnissen der Masse und Größe der Erde zu der Masse und Größe der Sonne und der übrigen Planeten lassen sich auch für letztere Körper die Fallräume in der ersten Secunde berechnen.

	Masse.	Dichtigkeit.	Fallraum in der 1sten Sec.
Sonne	357 594	0,254	430 paris. Fuß.
Merkur	$\frac{1}{6}$	2,992	16
Venus	$\frac{8}{9}$	0,960	15
Erde	1	1,000	15,1
Mars	$\frac{1}{7}$	1,010	5,4
Jupiter	341	0,266	38,1
Saturn	102	0,103	15,8
Uranus	200	0,248	14,6
Mond	$\frac{1}{74}$	0,615	2,4

V. Von den Kometen.

28. Aeußeres Ansehen und scheinbare Bewegung der Kometen.

Die Kometen haben eben so, wie die Planeten, eine eigene Bewegung, unterscheiden sich aber von ihnen schon durch ihr nebelartiges Ansehen. — Kern, Kopf, Schweif. — Der Schweif ist in der Regel von der Sonne abgekehrt. Mannigfache Form und Größe der Schweife. Kometen ohne Schweife. Einige Kometen sind am hellen Tage sichtbar gewesen, viele andere nur durch Fernröhre.

Die Kometen folgen nicht dem Thierkreise, sondern bewegen sich nach allen möglichen Richtungen, bald geschwinder, bald langsamer. Gemeinhin nähern sich die Kometen nach ihrem ersten Erscheinen der Sonne, werden unsichtbar und kommen dann auf der andern Seite der Sonne wieder zum Vorscheine. Die ganze Dauer der Sichtbarkeit beträgt gewöhnlich nur einige Monate, selten viel über sechs. — Verzeichnisse von Kom. bei älteren Schriftstellern. — Meinungen der Alten über die Natur der Kom.

29. Wahre Bewegung der Kometen.

Neuton folgerte aus dem von ihm entdeckten allgemeinen Gesetze der Gravitation, daß die Kometen sich nach denselben Gesetzen, wie die Planeten, um die Sonne bewegen, nur daß ihre Bahnen nicht nur Ellipsen, sondern auch Parabeln und Hyperbeln seyn können. — In der Regel ist das von einer Kometenbahn zu beobachtende Stück schwer von einer Parabel zu unterscheiden, und wenn sich ein Unterschied zeigt, so giebt derselbe eine elliptische Bahn zu erkennen. — Große Excentricität der Kom.-bahnen und daraus folgender großer Unterschied zwischen der Geschwindigkeit im Perihel und im Aphel. — Elemente einer Kometenbahn. — Sie unterscheiden sich von denen einer Planetenbahn noch dadurch, daß die Neigung jeden Werth haben, und daß die Bewegung sowohl rück- als rechtläufig seyn kann. — Bestimmung der Elemente aus drei Beobachtungeu. — Verzeichnisse berechneter Bahnen.

30. Von den Kometen, deren Umlaufszeiten bekannt sind.

Komet	Größte Entf. v.	Kleinste d. Sonne.	Neigung.	Beweg.
von Halley	35,4	0,6	18°	rücklf.
— Encke	4,1	0,4	14°	rechtlf.
— Biela	6,2	0,9	13°	rechtlf.

Sicherste Art, auf welche sich die Umlaufszeit eines Kom. bestimmen läßt.

Der Halley'sche Komet, so genannt nach Edmund Halley, welcher ihn nach seiner Erscheinung im J. 1682 berechnete und das Resultat fand, daß er eine Umlaufszeit von nahe 76 Jahren habe, schon in den J. 1456, 1531, 1607 gesehen worden sey und gegen das Jahr 1759 wiederkehren werde.

Verschiedenheit seiner Größe bei seinen früheren Erscheinungen. Merkwürdigkeiten bei seiner letzten Erscheinung im Jahre 1835.

Der Encke'sche Komet wurde von Pons in Marseille d. 26. Nov. 1818 entdeckt. Encke berechnere seine Bahn und erkannte daraus seine kurze Umlaufszeit von 3 Jahren und 115 Tagen. Früher war er schon 1786, 1795 und 1805 beobachtet worden. Seit 1818 hat man ihn regelmäßig 1822, 25, 28, 32, 35 gesehen. Er ist nur durch das Fernrohr wahrzunehmen und hat keinen merklichen Schweif.

Beobachtete Verringerung seiner Umlaufszeit und daraus gemachter Schluß auf ein widerstehendes Mittel, in welchem sich die Himmelskörper bewegen.

Der Biela'sche Komet wurde von v. Biela d. 28. Febr. 1826 zu Josephstadt in Böhmen entdeckt. Seine Umlaufszeit beträgt 6 Jahre 270 Tage. Man fand, daß er schon in den Jahren 1772 und 1805 gesehen worden; auch hat man ihn 1832 wieder beobachtet. Er erscheint als ein kleiner lichtschwacher Nebel ohne Schweif.

Außer diesen drei Kometen hat man keinen mit Gewißheit mehr als einmal gesehen. Von einigen wird es nur mit großer Wahrscheinlichkeit vermuthet, daß sie mehrmals beobachtet worden sind. — Der Olbersche Komet, von Olbers entdeckt den 6. März 1815, hat eine Umlaufszeit von 74 Jahren.

31. Physische Beschaffenheit der Kometen.

Die Größe des Kerns ist schwer zu bestimmen. Viele Kometen scheinen gar keinen, oder nur einen sehr kleinen Kern gehabt zu haben.

Größe des Kopfs bei verschiedenen Kometen. Bei einigen Kometen hat sich der Kopf in der Sonnennähe vermindert gezeigt. Erklärung dieses Phänomens.

Der Schweif schließt sich bei den meisten Kometen unmittelbar an den Kopf an. Bei einigen, namentlich bei dem von 1811, war er vom Kopfe durch einen dunklen Raum getrennt.

Doppelschweif des von 1811. Sechsfächeriger Schweif des von 1744. — Der Schweif ist in der Regel nach der Seite hingebeugt, von welcher der Komet herkömmt. — Kometen mit mehreren Schweifen. Nebenschweife. — Veränderlichkeit der Schweife. Strahlenschüsse. — Längen verschiedener Schweife. — Hypothesen über die Entstehung der Schweife.

Aeußerst geringe Masse der Kometen. — Ob die Kometen mit eigenem, oder von der Sonne erborgtem Lichte glänzen, ist noch nicht entschieden. — Die Anzahl der Kometen kann viele Tausende betragen. — Höchst geringe Wahrscheinlichkeit des Zusammentreffens eines Kometen mit der Erde. Zusammentreffen des Biela'schen Kometen mit der Erde. Folgen eines solchen Stoßes. — Vermutheter Einfluß der Kometen auf unsere Atmosphäre.

VI. Von den Fixsternen.

32. Von den Fixsternen im Allgemeinen.

Vertheilung der Sterne in Bilder. Namen einzelner Sterne. Bezeichnung der Sterne durch Buchstaben und Zahlen. Sternkataloge.

Eintheilung der Sterne nach dem Grade ihres Glanzes in Sterne der 1sten, 2ten, 3ten Größe u. s. w. Ein gutes Auge sieht noch die Sterne der 6ten Größe. — Sirius, der glänzendste unter den Fixsternen, hat 324 mal so viel Licht, als ein Stern 6ter Größe.

Man zählt 18 Sterne der 1sten, 52 der 2ten, 177 der 3ten und 376 der 4ten Größe. Die Zahl aller Sterne bis zur 6ten Größe beträgt gegen 7000.

Die Entfernung der Fixsterne von uns ist nicht meßbar; sie ist größer, als 200 000 Halbmesser der Erdbahn, d. i. größer als 4 Billionen Meilen. Das Licht der Fixsterne kann daher nicht von der Sonne herrühren, sondern muß ihnen eigenthümliches Licht seyn. — Ist Sirius nur 4 Billionen Meilen entfernt, so muß er wenigstens vier mal so viel Licht, als die Sonne, besitzen.

Die Fixsterne erscheinen in den Fernröhren als bloße Punkte, und diese Punkte sind desto feiner, je besser die angewendeten Instrumente sind.

An sehr vielen Fixsternen hat man eine eigene Bewegung beobachtet, und wahrscheinlich gibt es keinen, der eine solche nicht hätte. Diese Bewegung beträgt häufig $\frac{1}{3}$ Sec. und darüber in einem Jahre. Bei vielen Sternen kann diese Bewegung nur scheinbar seyn und von einer Bewegung unsers Sonnensystems herrühren. Doch läßt sich darüber mit Sicherheit nichts aussprechen.

33. Von veränderlichen und neuen Sternen.

Mehrere Sterne erscheinen in Perioden von bestimmter Dauer bald heller, bald dunkler und verschwinden auch wohl auf einige Zeit. Es gehören dahin

	Periode.	Veränder. der Größe.
o im Wallfische	331 Tage 10 St.	2 bis unsichtb.
β im Perseus	2 „ 21 „	2 „ 4
δ im Cepheus	5 „ 9 „	3 „ 5
χ im Schwan	396 „ 21 „	6 „ 11
α im Herkules	60 „ 6 „	3 „ 4

Vermuthungen über die Ursache dieser Veränderlichkeit.

Man hat bisweilen Sterne an Orten gesehen, wo vorher keine waren. Tycho entdeckte im Jahre 1572 einen solchen in der Cassiopeia, der sogar am Tage sichtbar war. Kepler entdeckte im J. 1604 einen neuen Stern der 1sten Größe im östl. Fuße des Schlangenträgers; Anthelm im J. 1670 einen Stern der 3ten Größe am Kopfe des Schwans. Alle diese Sterne sind aber nur wenige Jahre sichtbar gewesen.

Bei vielen Sternen bemerkt man eine allmählige Veränderung ihres Glanzes und ihrer Farbe. Altair im Adler wird von Ptolemäus zur 3ten, jetzt zur 1sten Größe gerechnet. Der Stern δ im groß. Bären ist nach Tycho von der 2ten, jetzt nur von der 4ten Größe. Das Licht des Sirius war ehedem röthlich, jetzt ist es weiß.

34. Von den Doppelsternen.

Es giebt viele Sterne, die, wenn Fernröhre mit hinreichend starker Vergrößerung angewendet werden, in zwei aufgelöst erscheinen. Der ältere Herschel, und in unsern Zeiten der jüngere H., South und Struve, haben sehr ausgedehnte Kataloge solcher Doppelsterne geliefert. Man kennt deren schon über 6000. Nach Struve ist jeder 40te Stern ein Doppelstern. — Größere Zahl der Fälle, in welchen die zwei Sterne sehr nahe bei einander sind, als derjenigen, in welchen sie weiter auseinander stehen. — Verhältnißmäßig größere Zahl von Doppelsternen unter den helleren Sternen. — Viel häufiger sind zwei Sterne von gleicher Größe, als von ungleicher, zu einem Doppelsterne verbunden.

Alles dieses beweist, daß die meisten Doppelsterne es nicht bloß optisch, sondern auch physisch sind. Bei vielen giebt sich die physische Nähe der beiden Sterne noch kund durch ihr gemeinschaftliches Fortrücken unter den übrigen Sternen, besonders aber durch die Bewegung des einen Sterns um den andern. Diese Bewegung geschieht ganz auf dieselbe Weise, nach welcher sich die Planeten um die Sonne drehen, und das Gesetz der gegenseitigen Anziehung, welches in unserem Sonnensysteme herrscht, muß daher auch jenseits in den Systemen der Doppelsterne walten. Bereits hat man schon bei etwa 12 Doppelsternen die Elemente des Umlaufs des einen Sterns um den andern mit einiger Sicherheit bestimmt, und kann von nahe noch einmal so vielen mit Zuverlässigkeit sagen, daß sie sich um einander bewegen. — Beobachtete Bedeckung des einen Sterns durch den andern.

Farben der Doppelsterne. Die Farbe des größern Sterns neigt sich meistens zum Gelben und Rothen, während der kleinere in blauer oder blaugrüner Farbe erscheint. — Die einfachen Sterne haben nur weißes oder gelbliches oder röthliches Licht.

Vielfache Sterne.

35. Von der Milchstraße.

Die Mittellinie dieses den Himmel umgebenden lichtvollen Gürtels weicht nur wenige Grade von einem größten Kreise ab.

Der Nordpol dieses Kreises liegt über dem Haar der Berenice, der Südpol beim Schwanze des Wallfisches. Die Breite der Milchstraße ist im Einhorn am größten, = 17 Gr., unter den Hinterfüßen des Centauren am kleinsten, = 2 Gr. — Abgesonderte Aeste und dunkle Stellen in derselben. — Verschiedenheit ihres Lichtglanzes. — Sie ist der Schimmer von unzählig vielen sehr nahe bei einander stehenden Sternen. — Von Herschel versuchte Zählungen der Sterne an einigen Stellen der Milchstraße. Ueberhaupt fand Herschel, daß, jemehr man sich der Milchstraße nähert, der Himmel desto reicher an Sternen wird.

Die Erscheinung der Milchstraße hat nach Herschel darin ihren Grund, daß wir uns nahe in der Mitte eines Systems von Sternen befinden, welche einen linsenförmigen Raum einnehmen und darin ziemlich gleichförmig vertheilt sind. Muthmaßliche Dimensionen dieser Linse in Siriusweiten ausgedrückt.

Abweichungen von der gleichförmigen Vertheilung. Sternhaufen.

36. Von den Nebelflecken.

So nennt man kleine mehr oder weniger lichte Stellen am Himmel, die, durch Fernröhre betrachtet, größtentheils ihr nebelartiges Ansehen behalten, zum Theil aber auch in Sterne auflösbar sind. Herschels Kataloge von Nebelflecken enthalten gegen 3000 derselben. — Einige haben ein gleichförmiges, aber sehr mattes Licht; an andern unterscheidet man eine oder mehrere heller glänzehde Stellen. — In Gruppen geordnete Nebel, deren jeder eine besonders helle Stelle hat. — Nebel von besonders merkwürdigen Formen. Doppel- und vielfache Nebel, die es meistens gewiß physisch, nicht bloß optisch, sind. — Völlig runde Nebel, deren Licht gegen die Mitte regelmäßig zunimmt. — Sternige Nebel, d. i. Nebel mit einer kleinen hellen Lichtscheibe in der Mitte. — Planetarische Nebel, sie sind rund und haben ein gleichförmiges starkes Licht. — Mit Nebel umgebene Sterne oder Nebelsterne. Sterne mit Nebelringen, mit Nebelarmen. Mit Nebel umgebene Doppelsterne. — Auflösbare Nebel. Zuweilen sind in einem Raume, der nur wenige Minuten im Durchmesser hat, 10 bis 20tausend Sterne enthalten.

Besonders merkwürdige Nebel: Der Nebel im Orion. Veränderungen in demselben. Der Nebel in der Andromeda.

Herschels Hypothese über die Ausbildung der Nebel zu Sternen.

Die Hauptsätze

der

Astronomie

zum

Gebrauche bei seinen Vorlesungen für Gebildete

zusammengestellt

von

August Ferdinand Möbius.

Zweite verbesserte und vermehrte Auflage.

Leipzig,
bei Georg Joachim Göschen.

1844.

Inhalt.

1*

I. Von der Erde.

1. Von der täglichen Umdrehung der Himmelskugel.

Die Erde erscheint uns als eine große Kreisscheibe, und der Himmel als ein auf dieser Scheibe ruhendes Kugelgewölbe.

Horizont. Verticallinie. Zenith. Nadir.

Fast alle Himmelskörper bleiben in unveränderter Lage gegen einander, verändern aber fortwährend ihre Lage gegen den Horizont, so daß es scheint, als ob sie an der innern Fläche einer Hohlkugel, in deren Mittelpunkte sich der Beobachter befindet, befestiget wären und durch gleichförmige Umdrehung dieser Kugel um eine durch den Mittelpunkt gehende feste Axe eine gemeinschaftliche Kreisbewegung erhielten.

Sterntag. — Weltaxe, Nordpol, Südpol. Parallelkreise, Aequator. — Meridian. Culmination, obere, untere. — Mittagslinie. Nord-, Süd-, Ost-, Westpunkt. — Aufgang, Untergang. — Polhöhe. Aequatorhöhe.

Verschiedene Geschwindigkeit der Sterne in ihren Parallelkreisen. — Die Sterne, deren Entfernung vom Nordpole (Südpole) kleiner, als die Polhöhe, ist, gehen nie unter (auf). — Die Zeit von der obern Culmination bis zur untern ist der Zeit von der untern bis zur obern gleich. — Die Zeit vom Aufgange bis zum Untergange wird durch die Culmination halbirt.

2. Von der Gestalt der Erde.

Beobachtungen. 1) An jedem Orte der Erde werden die scheinbaren gegenseitigen Entfernungen der Sterne von derselben Größe beobachtet. 2) Dagegen ist die Polhöhe nicht an jedem Orte von gleicher Größe, sondern ist größer in den nördlich von uns liegenden Ländern, kleiner in den südlich gelegenen. 3) Eben so geht auch ein und derselbe Stern an verschiedenen Orten nicht zu gleicher Zeit auf oder unter, sondern früher an östlicheren, später an westlicheren.

Aus 1) folgt, daß auch der größte Abstand, den zwei Oerter auf der Erde von einander haben können, gegen die Abstände der Sterne von der Erde unendlich klein ist; aus 2), daß die Erde von Norden nach Süden, und aus 3), daß sie von Osten nach Westen gekrümmt ist. Genauere Beobachtungen zeigen, daß beide Krümmungen gleichförmig, also kreisförmig sind, und die Erde der Gestalt einer Kugel sehr nahe kömmt, was auch durch andere Erfahrungen und Beobachtungen vollkommen bestätigt wird. Dahin gehören: a) die Rundung des Horizonts; b) die Bemerkung, daß von hohen und entfernten irdischen Gegenständen nur die oberen Theile sichtbar sind; c) der runde Schatten der Erde bei Mondfinsternissen; d) die Reisen um die Erde seit 1519.

Erdaxe, Erdpole, irdischer Aequator, irdische Meridiane und Parallelkreise. — Länge, Breite.

Die Breite eines Orts ist seiner Polhöhe gleich. — Der Unterschied der Längen zweier Oerter, in Zeit verwandelt, indem man auf 360 Grade 24 Stunden rechnet, ist dem Unterschiede der in einem und demselben Zeitpunkte an beiden Oertern gezählten Zeiten gleich.

3. Von der Größe der Erde.

Der Unterschied der Polhöhen zweier Oerter, die in einerlei Meridiane liegen, giebt den zwischen die Oerter fallenden Bogen des Meridians in Graden ausgedrückt. Mißt man hierauf denselben Bogen nach einem bekannten Längenmaße, z. B. nach Meilen, so erhält man durch Vergleichung der auf den Bogen gehenden Grade und Meilen die Anzahl von Meilen, welche auf 360 Grade, d. i. auf den ganzen Umring der Erde, gehen.

Aelteste Ausmesser der Erde: Eratosthenes, im dritten, und Possidonius, im ersten Jahrhunderte vor Chr.; der Kalif Almamum, 827 Jahre nach Chr.

Vollkommnere Messungen: von Snellius 1615 (Triangulirung): von Picard 1669 (Fernröhre); von Joh. und Jac. Cassini von 1683 bis 1718.

4. Genauere Bestimmung der Gestalt und Größe der Erde.

Messungen, wodurch vorzüglich die Gestalt der Erde näher bestimmt werden sollte, sind die von Bouguer, de la Condamine u. a. im nördlichen Theile von Peru (1735—44) und von Maupertuis, Clairaut u. a. in Lappland (1736—37) angestellten. Es ergaben sich hieraus die Grade eines Meridians nach dem Aequator zu kleiner, nach den Polen zu größer, und man schloß daraus, daß die Erde an den Polen etwas abgeplattet sein müsse.

Die berühmteste unter den neueren Gradmessungen ist die in Frankreich zur Bestimmung einer Maßeinheit (Mètre = dem 10 000 000sten Theil eines Meridianquadranten) unternommene. Delambre und Mechain 1792—98; — Biot und Arago 1807—8. Aus dieser und mehrern andern in neuerer Zeit ausgeführten Messungen ergeben sich:

der halbe Aequatorialdurchm. = 3 272 077 Toisen (1 Toise = 6 paris. Fuß.)
der halbe Polardurchmesser = 3 261 139 „
ein mittlerer Erdgrad = 57 044$\frac{8}{10}$
die Abplattung = $\frac{1}{299}$

Eine geographische Meile ist der 15te Theil eines mittlern Grades = 3803 Toisen. Nimmt man die Erde für eine Kugel an, deren Grade jenem mittlern Grade gleich sind, so enthält der ganze Umfang 5400 und der Durchmesser 1719 geogr. Meilen.

5. Von der Axendrehung der Erde.

Die Erscheinung der täglichen Umdrehung der Himmelskugel um eine feste Axe von Morgen nach Abend kann auch dadurch hervorgebracht werden, daß die Himmelskugel ruht, und daß die Erdkugel sich täglich einmal um dieselbe Axe von Abend nach Morgen dreht. Letztere Annahme ist wegen der größtentheils unermeßlichen Enfernungen der unzählig vielen und zum Theil unsere Erde an Größe bei weitem übertreffenden Himmelskörper ungleich wahrscheinlicher, als die Drehung der Himmelskugel. Seitdem man aber in neuerer Zeit die Erdkugel an beiden Polen etwas abgeplattet gefunden und an verschiedenen Orten Beobachtungen über die Schwingungszeiten von Pendeln*) und über die Abweichung fallender Körper von der Verticallinie nach Osten**) angestellt hat, ist die Drehung der Erdkugel bis zur vollkommensten Gewißheit erhoben.

6. Von der Atmosphäre.

Die Erde ist ringsum von einer schweren, elastischen und durchsichtigen Flüssigkeit umgeben, welche die Atmosphäre genannt wird. Da hiernach die obern Theile der Atmosphäre die untern zusammendrücken, und dem Drucke der Luft ihre Dichtigkeit proportional ist, so ist sie an der Erdoberfläche am dichtesten und nimmt an Dichtigkeit immer mehr ab, je weiter man sich von der Erde entfernt. So oft man um etwa $\frac{4}{5}$ Meilen höher steigt, findet man die Luft halb so dicht, als an der tiefern Station. Die Höhe der Atmosphäre dürfte nicht über **10** Meilen betragen.

Durch die Atmosphäre werden die Strahlen der Sterne von

---

*) Die Schwerkraft, und damit auch das Gewicht eines und desselben Körpers, der Fallraum eines Körpers in der ersten Secunde, so wie die Länge eines Secundenpendels, nehmen vom Aequator nach den Polen hin zu. Jede dieser Größen ist wegen der Axendrehung der Erde um $\frac{1}{289}$, wegen der abgeplatteten Gestalt der Erde um $\frac{1}{590}$, und folglich wegen beider Ursachen zugleich um $\frac{1}{194}$, größer unter den Polen, als unter dem Aequator.

) Beobachtungen über fallende Körper sind zuletzt im Jahre **1831 von Reich im Dreibrüderschachte bei Freiberg angestellt worden. Bei einer Tiefe des Falles von **488** paris. Fuß betrug die aus **106** fallenden Kugeln im Mittel geschlossene östliche Abweichung **12,6** Linien, welche nur um **0,4** Linien die aus der Theorie gefolgerte Abweichung übertraf.

ihrem Wege etwas abgelenkt, so daß jeder Stern höher erscheint, als er wirklich steht. Dieser Unterschied zwischen der wahren und der scheinbaren Höhe heißt die Refraction. Sie ist am Horizonte am größten, im Mittel 33 Minuten, in der Höhe von 43 Graden nur noch 1 Minute, im Zenith null. — Wegen der Refraction scheinen die Himmelskörper eher auf- und später unterzugehen. — Elliptische Gestalt der Sonnen- und Mondscheibe am Horizonte.

Noch andere durch die Atmosphäre bewirkte Erscheinungen sind die Morgen- und die Abenddämmerung, die blaue Farbe des Himmels, das Funkeln der Fixsterne.

II. Von der Sonne.

7. Bewegung der Sonne in der Ekliptik.

Die Sonne verändert ihre Lage gegen die Sterne fortwährend, und zwar dergestalt, daß sie in dem Zeitraume von 365¼ Tagen, welchen man ein Jahr nennt, der täglichen Bewegung entgegen einen größten Kreis, die Ekliptik, zu beschreiben scheint. Der Winkel dieses Kreises mit dem Aequator, oder die Schiefe der Ekliptik, beträgt 23° 28′.

Frühlings- und Herbstäquinoctialpunkt (21. März und 22. Juni); Sommer- und Wintersolstitialpunkt (23 Sept. und 22. Dec.). — Theilung der Ekliptik in zwölf Zeichen. — Länge der Sonne. — Sonnenzeit. 1 Tag Sonnenzeit beträgt im Mittel 1 Tag 3′ 57″ Sternzeit.

8. Elliptische Bewegung der Sonne.

Die scheinbare Geschwindigkeit der Sonne in ihrer Bahn ist nicht immer von derselben Größe. Am größten ist sie bei einer Länge der Sonne von 280° (d. 1. Jan.), wo letztere in einem Tage um 61′ 10″ fortrückt; am kleinsten ist die Geschwindigkeit bei einer Länge von 100° (d. 2. Juli), wo die Sonne in einem Tage einen Bogen von 57′ 12″ beschreibt. Unterschied zwischen der wahren und der mittleren Sonnenzeit. Erstere wird von der wahren, letztere von einer erdichteten mittlern Sonne angezeigt, welche sich längs des Aequators gleichförmig bewegt und mit der wahren Sonne einerlei Umlaufszeit hat.

Auch der scheinbare Durchmesser der Sonne, mithin auch ihre Entfernung von der Erde, ist kleinen Aenderungen unterworfen. Am größten ist ihr Durchmesser, = 32′ 35″, folglich ihre Entfernung am kleinsten da, wo ihre Geschwindigkeit am größten ist. Am kleinsten ist der Durchmesser, = 31′ 30″, folglich die Entfernung am größten in dem entgegengesetzten Punkte der Bahn, wo die Geschwindigkeit am kleinsten ist.

Aus diesen und vielen andern Beobachtungen über den scheinbaren Durchmesser und die scheinbare Geschwindigkeit der Sonne hat man gefunden, daß die Sonne alljährlich eine Ellipse beschreibt, in deren einem Brennpunkte die Erde ruht, und daß die gerade Linie vom Mittelpunkte der Erde nach dem Mittelpunkte der Sonne (Radius Vector der Sonne) in gleichen Zeiten gleiche Flächen der Ellipse überstreicht. — Die Excentricität dieser Ellipse ist = $\frac{1}{60}$.

9. Wahre Größe und Entfernung der Sonne.

Aus dem mittlern Werthe des scheinbaren Sonnendurchmessers, 32′ 2″, folgt, daß die Sonne im Mittel um $107\frac{3}{10}$ ihrer Durchmesser von der Erde entfernt ist. Aus den in den Jahren 1761 und 1769 beobachteten Vorübergängen der Venus vor der Sonnenscheibe hat man berechnet, daß die Erde von der Sonne aus unter einem Winkel von $17\frac{1}{7}$ Sec. im Mittel erscheint. Hieraus folgt, daß der Durchmesser der Sonne 112 mal, ihre Oberfläche 12 577 mal und der körperliche Inhalt 1 410 476 mal größer, als der Durchmesser, die Oberfläche und der körperliche Inhalt der Erde ist, und daß die Sonne um 12 037 Erddurchmesser oder 20 666 800 Meilen von der Erde im Mittel entfernt ist.

10. Von der Bewegung der Erde um die Sonne.

Das Phänomen der jährlichen Bewegung der Sonne um die Erde läßt sich auch dadurch erklären, daß die Sonne ruht, und daß die Erde alljährlich um die in dem einen Brennpunkte stehende Sonne eine Ellipse von derselben Größe und Form mit derselben Richtung und Geschwindigkeit beschreibt, welche die Sonne um die Erde zu beschreiben scheint. Diese Erklärung ist schon deshalb viel wahrscheinlicher, weil die Sonne ein fast anderthalb Millionen mal größerer Körper, als die Erde ist, und wird durch die in der ersten Hälfte des vorigen Jahrhunderts von Bradley entdeckte Aberration des Lichts auf das unumstößlichste bewiesen. Läuft nämlich die Erde um die Sonne, so muß durch die vereinigte Wirkung dieser Bewegung und der 10000 mal schnelleren des Lichts jeder Fixstern eine kleine Ellipse zu beschreiben scheinen, deren größter Durchmesser der Ekliptik parallel ist und 40″ beträgt. Diese kleinen Bewegungen lassen sich aber an allen Fixsternen auch wirklich beobachten.

Perihelium, Aphelium, Apsidenlinie.

11. Veränderungen der Elemente, welche die Bewegung der Erde um ihre Axe und um die Sonne bestimmen.

Während sich die Erde jährlich einmal um die Sonne bewegt, dreht sie sich täglich einmal um eine sich zwar nahe, aber doch nicht ganz vollkommen, parallel bleibende Axe. Diese Axe dreht sich nämlich in dem Zeitraume von fast 26 000 Jahren nach einem der Bewegung der Erde um die Sonne entgegengesetzten Sinne um die Axe der Ekliptik, mit welcher Axe sie nahe immer denselben Winkel (= der Schiefe der Ekliptik) macht.

Folgen dieser Drehung der Axe sind: das Rückwärtsgehen der Aequinoctialpunkte in der Ekliptik um $50\frac{2}{10}$ Sec. jährlich, — die langsame Aenderung der Lage der Sterne gegen den Aequator und dessen Pole, — der zu machende Unterschied zwischen den Zeichen und den Bildern der Ekliptik, — der Unterschied zwischen

dem tropischen Jahre = 365 Tage 5 St. 48 Min. 48 Sec.
und dem siderischen " = 365 " 6 " 9 " 11 "

Die Schiefe der Ekliptik hat seit der ältesten historischen Zeit fortwährend abgenommen; diese Abnahme beträgt gegenwärtig in 100 Jahren 48 Sec.

Die Apsiden rücken jährlich 11 Sec. vorwärts.

Die Excentricität vermindert sich in 100 Jahren um $\frac{1}{23261}$.

12. Von den Flecken und der Axendrehung der Sonne.

Nicht selten erblickt man auf der Sonne schwarze Flecken, die in der Regel von einem lichtschwachen grauen Nebel umgeben sind. Aus der Bewegung derselben folgt, daß sich die Sonne in $25\frac{1}{7}$ Tagen nach derselben Richtung, wie die Erde, um eine Axe dreht, die mit der Axe der Ekliptik einen Winkel von $7\frac{1}{2}$ Graden macht, und deren Nordpol nach dem 348sten Grade der Ekliptik zu liegt.

Größe und Veränderlichkeit der Flecken. — Herschel's Hypothese über die Natur der Sonne, wonach die Oberfläche dieses Körpers an sich dunkel und von einer stark glänzenden Lichthülle umgeben ist. In dieser Hülle entstehende Oeffnungen, durch welche man auf den nicht selbstleuchtenden Körper hinabsehen kann, bringen die Erscheinung der Flecken hervor. — Sonnenfackeln, oder Stellen, welche beträchtlich heller, als der übrige Grund der Sonnenscheibe sind.

Das Zodiakallicht, ein blasser Schimmer, der im Frühjahr bald nach Sonnenuntergang und im Herbste vor Sonnenaufgang von der Sonne ab am Horizonte schief aufwärts nach der Richtung der Ekliptik fortgeht und spitzig zuläuft.

III. Von dem Monde.

13. Vom Laufe des Mondes um die Erde.

Unter allen Himmelskörpern hat der Mond scheinbar die größte eigene Bewegung. Seine Bahn, in der er eben so, wie die Sonne, von Abend nach Morgen fortrückt, durchläuft er in Bezug

auf die Sonne:	in 29 Tag.	12 St.	44′	3″	— synodischer	Monat.
= = Sterne:	= 27 =	7 =	43′	12″	— siderischer	=
= = Aequinoct.=	27 =	7 =	43′	5″	— periodischer	=

235 synodische Monate sind nur um 1½ Stunde kleiner als 19 julianische Jahre. Meton's Mondcykel. Güldene Zahl.

Die scheinbare Mondsbahn ist ein größter Kreis, der die Ekliptik unter einem Winkel von 5° 8′ 48″ schneidet. Die Schneidepunkte heißen die Knoten. — Aufsteigender — niedersteigender Knoten.

Die Knoten haben eine rückgängige (der scheinbaren eigenen Bewegung der Sonne oder des Mondes entgegengesetzte) Bewegung, welche in Beziehung auf die Fixsterne in 365 Tagen 19° 20′ 32″ beträgt.

Siderische Umlaufszeit der Knoten: 18 jul. Jahre 218 Tage 21 St. 23′ 9″.

Das Knotenjahr oder die Umlaufszeit der Sonne in Bezug auf die Knoten: 346 Tage 14 St. 52′ 35″. Der Zeitraum von 223 synodischen Monaten, d. i. von 18 jul. Jahren 11 Tagen 7 St. 42′ 29″ ist sehr nahe gleich 19 Knotenjahren.

14. Lichtgestalten, Entfernung und Größe des Mondes.

Die Veränderung der Lichtgestalt des Mondes hängt mit seiner scheinbaren Entfernung von der Sonne genau zusammen. Es beweist diese Veränderung, daß der Mond eine an sich dunkle von der Sonne erleuchtete Kugel ist, und daß er uns um vieles näher, als die Sonne, sein muß. Aus dem zu gleicher Zeit von verschiedenen Orten der Erde beobachteten verschiedenen Stande des Mondes gegen die benachbarten Sterne hat man geschlossen, daß vom Monde aus der Halbmesser der Erde im Mittel unter dem Winkel von 57′ 1″ erscheint, daß folglich der Mond von der Erde um $60\frac{4}{10}$ Halbmesser der letztern, d. i. um 51 880 Meilen im Durchschnitte von dem Mittelpunkte der Erde entfernt ist, und uns damit 399 mal näher, als die Sonne, steht.

Der scheinbare Durchmesser des Mondes ist im Mittel = 31′ 7″ und damit der 110te Theil seiner Entfernung von der Erde. Hieraus folgt der wahre Durchmesser des Mondes = $\frac{3}{11}$ des Durchmessers der Erde = 470 Meilen; seine Oberfläche = $\frac{1}{13}$ und sein körperlicher Inhalt = $\frac{1}{49}$ der Oberfläche und des Inhalts der Erde.

15. Genauere Bestimmung der Bewegung des Mondes.

Die scheinbare Geschwindigkeit des Mondes und sein scheinbarer Durchmesser sind kleinen Veränderungen unterworfen, die sich ziemlich befriedigend erklären lassen, wenn man annimmt, daß der Mond sich in einer Ellipse bewegt, in deren einem Brennpunkte die Erde sich befindet; und daß der Radius Vector des Mondes in gleichen Zeiten gleiche Flächen beschreibt. Die Excentricität dieser Ellipse ist = $\frac{1}{18}$.

Perigäum, Apogäum, Apsidenlinie.

Die Apsidenlinie hat eine vorwärts gehende Bewegung von 40° 40′ jährlich. Ihre siderische Umlaufszeit beträgt 8 julian. Jahre 310 Tage 13 St. 48′ 29″.

Der Mond kehrt uns immer nahe dieselbe Seite zu und dreht sich daher bei jedem Umlauf um eine auf der Ebene seiner Bahn nahe perpendicular stehende Axe. Diese Umdrehung ist vollkommen gleichförmig, und die Axe macht mit der Axe der Ekliptik einen Winkel von 1° 28′. Hierdurch wird die Libration oder das Schwanken des Mondes in Länge und Breite erklärt.

16. Von den Mondfinsternissen.

Die von der Sonne erleuchtete Erde wirft einen kegelförmigen Schatten hinter sich, der $108\frac{3}{10}$ Erddurchmesser lang ist. Tritt der nur 30 Durchmesser der Erde von ihr entfernte Mond in diesen Schatten, so erleidet er eine Finsterniß. In der Gegend, wo der Mond durch den Schatten geht, ist der Durchmesser des Schattens $2\frac{2}{3}$ mal so groß, als der Durchmesser des Mondes. — Es folgt hieraus, daß eine Mondfinsterniß nur zur Zeit des Vollmonds, und wenn dann der Mond nahe bei dem einen seiner Knoten steht, statt finden kann. Im Durchschnitte ereignet sich eine solche, wenn der Vollmond weniger als $10\frac{1}{2}$ Grade von dem einen der beiden Knoten entfernt ist.

Totale, partiale Finsternisse. — Eine Mondfinsterniß beginnt am östlichen Rande des Mondes und hört auf am westlichen. — Unsicherheit des Anfangs und Endes wegen des Halbschattens. — Röthliche Farbe des Mondes bei totalen Finsternissen.

17. Von den Sonnenfinsternissen.

Die Länge des Schattens, den der von der Sonne beleuchtete Mond hinter sich wirft, ist nahe dem Abstande des Mondes von der Erde gleich. Der Durchmesser des Halbschattens an der Spitze des ganzen Schattens ist $\frac{4}{9}$ des Durchmessers der Erde. Trifft nun der Halbschattenkegel die Erde, so wird in allen den Ländern, welche innerhalb des Kreises des Halbschattens liegen, eine Sonnenfinsterniß, d. i. eine ganze oder theilweise Bedeckung der Sonne von dem Monde, wahrgenommen, und der bedeckte Theil der Sonne ist um so größer, je näher der Beobachter dem ganzen Schatten ist.

Sonnenfinsternisse ereignen sich daher nur zur Zeit des Neumondes, und wenn zugleich der Mond nahe bei dem einen seiner Knoten, durchschnittlich nicht mehr als 16° von ihm entfernt ist. Totale, partiale, ringförmige Finsternisse. Merkwürdige Erscheinungen bei totalen Finsternissen.

Eine Sonnenfinsterniß nimmt für einen bestimmten Ort der Erde ihren Anfang am westlichen Sonnenrande und hört auf am östlichen.

Nach 19 Knotenjahren oder 18 jul. Jahren und 11 Tagen kehren die Sonnen- und Mondfinsternisse sehr nahe in derselben Ordnung wieder. Es ereignen sich in dieser Periode 41 Sonnen- und 29 Mondfinsternisse; doch sind für einen bestimmten Ort der Erde erstere etwa dreimal seltener, als die letzteren.

Gebrauch der Mond- und vorzüglich der Sonnenfinsternisse zu geographischen Längenbestimmungen.

18. Physische Beschaffenheit des Mondes.

Mondcharten von Galiläi, Hevel, Riccioli, Cassini, Tobias Maier, Schröter, Lohrmann, Beer und Mädler. — Ausmessung der Erhabenheiten und Vertiefungen auf der Mondfläche.

Die Erhabenheiten sind größtentheils Wall- oder Ringgebirge, welche meistens tiefe Krater, zuweilen aber auch Ebenen einschließen, in denen sich nicht selten kegelförmige Berge erheben;

außerdem noch einzeln stehende Berge, fortgehende Gebirgsketten und flache Bergadern.

Außer den genannten Kratern gibt es noch viele Vertiefungen ohne Wallberge und nicht sehr tiefe Rillen oder Kanäle.

Die Ebenen haben eine graue Farbe, sind aber nicht Meere, wie man ehedem glaubte. Ueberhaupt findet sich auf dem Monde keine Spur von Wasser, so wie auch die den Mond umgebende Atmosphäre, wenn er anders eine solche hat, viel dünner als die unsrige sein muß.

Wahrscheinliche Bildung der Mondfläche durch vulcanische Ausbrüche.

IV. Von den Planeten.

19. Scheinbare Bewegung der Planeten.

Die bei weitem meisten Sterne verändern ihre gegenseitige Lage nur unmerklich und werden deshalb Fixsterne genannt. Nur einige wenige haben eine auffallende eigene Bewegung und heißen daher Planeten d. i. Irrsterne. Fünf derselben, Merkur, Venus, Mars, Jupiter und Saturn, lassen sich mit bloßen Augen wahrnehmen und unterscheiden sich von den übrigen Sternen, außer ihrem Fortrücken, noch durch ihr weniger funkelndes Licht. Durch Fernröhre beobachtet, zeigen sie sich als kleine Scheiben.

Alle Planeten, die vier zuletzt entdeckten ausgenommen, entfernen sich von der Ekliptik nie über 9 Grad. Zodiakus.

Merkur und Venus halten sich immer in der Nähe der Sonne auf. Abend- und Morgenstern. Conjunction, größte östliche und westliche Digression.

Die übrigen Planeten können in Bezug auf die Sonne jede Stellung einnehmen. — Conjunction, Opposition, östliche und westliche Quadratur. — Den größten Theil der Zeit sind diese Planeten rechtläufig. Ihre rechtläufige Bewegung ist in der Conjunction am größten, jedoch immer noch kleiner, als die der Sonne. Einige Zeit vor und nach der Opposition sind sie *rückläufig*. — Synodische Umlaufszeit.

20. Wahre Bewegung der Planeten.

Die einfachste, von *Copernikus* (geb. **1473**, gest. **1543**) gegebene, Erklärung der scheinbaren Bewegung ist folgende: Die Planeten beschreiben, jeder mit nahe gleichförmiger Geschwindigkeit, nahe kreisförmige und von der Nähe der Ekliptik nur wenig abweichende Bahnen um die Sonne. Die Bahnen des Merkur und der Venus werden von der Erdbahn, und letztere wird von den Bahnen der übrigen Planeten eingeschlossen. Die Erde ist hiernach gleichfalls ein Planet. — *Untere, obere* Planeten. — Methode, die siderischen Umlaufszeiten und die Entfernungen der Planeten von der Sonne zu bestimmen.

	Synod. Uml.	Sider. Uml.	Entf. v. d. Sonne
Merkur	— Jahr 116 Tage	— Jahr 88 Tage	0,387
Venus	1 „ 219 „	— „ 225 „	0,723
Erde		— „ 365 „	1,000
Mars	2 „ 49 „	1 „ 322 „	1,524
Jupiter	1 „ 34 „	11 „ 315 „	5,203
Saturn	1 „ 13 „	29 „ 167 „	9,539

Die Jahre sind julianische, d. i. von 365 Tagen und 6 Stunden.

21. Genauere Bestimmung der Planetenbewegungen.

Die Bewegungen der Planeten richten sich nach folgenden drei von *Kepler* (geb. **1571**, gest. **1630**) entdeckten Gesetzen:

Jeder Planet bewegt sich in einer Ellipse, in deren einem Brennpunkte die Sonne sich befindet.

Der Radius Vector eines Planeten beschreibt in gleichen Zeiten gleiche Flächen.

Die Quadrate der Umlaufszeiten der Planeten verhalten sich wie die Würfel ihrer mittlern Entfernungen von der Sonne.

Die *Elemente* einer Planetenbahn, d. i. die zur Bestimmung des Laufs eines Planeten nöthigen Stücke, sind hiernach folgende sechs: Länge des aufsteigenden Knoten, Neigung, Länge des Perihels, Excentricität, halbe große Axe, Länge in der Epoche.

22. Vom Merkur, Venus und Mars.

	Neigung	Excentr.	Scheinb. Durchmesser.	Wahrer Durchmesser.	Inhalt	Axendrehung.
Merkur	7° 0′	$\frac{1}{5}$	4″ bis 12″	$\frac{2}{5}$	$\frac{1}{17}$	24 St. 5′
Venus	3 23	$\frac{1}{146}$	10 = 62	$\frac{66}{67}$	$\frac{22}{23}$	23 = 21
Erde	0 0	$\frac{1}{60}$		1	1	23 = 56
Mars	1 51	$\frac{1}{11}$	3 = 23	$\frac{14}{27}$	$\frac{1}{7}$	24 = 37
Jupiter	1 19	$\frac{1}{21}$	30 = 46	$11\frac{1}{4}$	1414	9 = 55
Saturn	2 30	$\frac{1}{18}$	16 = 20	9	729	10 = 29

Merkur und Venus glänzen mit weißem Lichte. — Phasen derselben. — Vorübergang des Merkur und der Venus vor der Sonne. — Auf den Oberflächen dieser Körper beobachtete Erscheinungen.

Mars hat ein röthliches Licht; er erscheint in den Quadraturen nicht völlig rund. Die Flecken auf ihm sind größtentheils beständig; besonders merkwürdig sind die glänzenden Flecken an seinen Polen. Die Ebene seines Aequators ist gegen die Ebene seiner Bahn 28° 42′ geneigt.

23. Vom Jupiter und seinen vier Monden.

Jupiter ist nach der Venus der glänzendste Planet; sein Licht ist gelblich. — Dunkle Streifen auf seiner Oberfläche. Veränderlichkeit derselben. Dunkle Flecken, aus deren Bewegung man eine Axendrehung von 9 St. 55 M. hergeleitet hat. Die Axe ist perpendicular auf den Streifen. Der Aequator Jupiters macht mit der Ebene der Bahn Jupiters einen Winkel von 3° 6′. An den Polen ist Jupiter in dem Verhältniß von 15 zu 14 abgeplattet.

Um den Jupiter laufen in nahe kreisförmigen Bahnen und nahe bei der Ebene seines Aequators vier Monde, die wir fast in gerader Linie und fast parallel mit den Streifen sich hin und her bewegen sehen. Sie sind zuerst von Simon Marius in Anspach im November 1609 wahrgenommen worden. Ihre Abstände von Jupiters Mittelpunkte, ausgedrückt in Halbmessern Jupiters, sind: $6\frac{1}{10}$, $9\frac{6}{10}$, $15\frac{4}{10}$, 27; ihre Umlaufzeiten: 1 Tag 18 St., 3 T. 13 St., 7 T. 4 St., 16 T. 17 St.; ihre Durchmesser: $\frac{1}{36}$, $\frac{1}{41}$, $\frac{1}{25}$, $\frac{1}{29}$ des Durchmessers des Jupiter.

— Merkwürdige Verhältnisse bei ihren Bewegungen. — Verfinsterungen der Monde durch Jupiters Schatten. Die Beobachtung dieser Finsternisse veranlaßte den dänischen Astronomen Olaus Römer im J. 1675 zur Entdeckung der Geschwindigkeit des Lichts; er fand, daß das Licht in 8′ 13″ den Halbmesser der Erdbahn und daher in 1 Sec. 41 000 Meilen durchläuft. — Gebrauch derselben Finsternisse zur Bestimmung geographischer Längen. — Veränderlichkeit in der Helligkeit der Jupitersmonde. Man hat hieraus gefolgert, daß jeder von ihnen dem Jupiter immer dieselbe Seite zukehrt.

24. Vom Saturn, seinem Ringe und seinen sieben Monden.

Saturn hat eine matt weiße Farbe und helle und dunkle Streifen, die aber breiter und weniger scharf begränzt, als die Streifen auf dem Jupiter sind. Auch bemerkt man oft dunkle Flecken, woraus man auf eine Axendrehung von 10 St. 29′ geschlossen. Die Axe ist gegen die Ekliptik um 61° 49′ geneigt und ihr Nordpol nach dem 77. Grade der Ekliptik gerichtet. An den Polen ist Saturn im Verhältniß von 10 zu 9 abgeplattet.

Saturn ist, nach Huyghens Entdeckung im J. 1660, von einem frei über seinem Aequator schwebenden Ringe umgeben. Die Breite des Ringes und der Abstand seiner innern Kante von Saturns Oberfläche verhalten sich zum Halbmesser des Saturn, wie 78 und 56 zu 100; die Dicke des Ringes ist kaum $\frac{1}{90}$ des Halbmessers des Saturn. Die Breite des Ringes ist nach den Beobachtungen Herschel's durch einen dunkeln Streifen, $= \frac{1}{17}$ der Breite, von außen nach innen im Verhältniß von 5 zu 8 getheilt, und der Ring ist hiernach eigentlich aus zwei concentrischen Ringen zusammengesetzt. Spätere Beobachter haben den äußern und schmälern dieser beiden Ringe in noch schmälere getheilt gefunden. — Erscheinung des Ringes von der Erde aus, vom Saturn aus. Der Ring verschwindet für uns alle 15 Jahre, zunächst 1847. — Umdrehung desselben um die Axe Saturns. — Excentrische Lage des Ringes gegen den Saturn, von Schwabe 1832 bemerkt.

Saturn ist von 7 Monden umgeben. Den 6. entdeckte

Huyghens im J. 1655; den 7., 5., 4., 3. Cassini gegen Ende des 17. Jahrhunderts; den 1. und 2. Herschel in den Jahren 1787 und 1789. Die Bahnen dieser Monde sind, so weit wir sie kennen gelernt haben, nahe kreisförmig und fallen nahe mit der Ebene des Ringes zusammen, die Bahn des 7. ausgenommen, welche gegen diese Ebene eine beträchtliche Neigung hat. Ihre Umlaufszeiten gehen von 23 St. bis zu 79 Tagen 8 St.; ihre Abstände von Saturns Mittelpunkte gehen von $2\frac{5}{10}$ bis $64\frac{4}{10}$ Halbmesser des Saturn. — Der größte ist der 6., wahrscheinlich nicht viel kleiner als der Mars. Aus Lichtveränderungen, die Herschel am 7. wahrgenommen, hat er geschlossen, daß dieser Mond dem Saturn immer dieselbe Seite zukehrt.

25. Von den in neuerer Zeit entdeckten Planeten.

Uranus wurde den 13. März 1781 von Herschel entdeckt.

Umlaufszeit des Uranus 84 Jahre 6 Tage; mittlere Entfernung von der Sonne 19,182; Neigung 0° 46′; Excentricität $\frac{1}{21}$; scheinbarer Durchmesser 4″; wahrer Durchmesser $4\frac{1}{3}$; körperlicher Inhalt 82. — Uranus hat einen nur matten Schimmer; mit bloßem Auge ist er nicht leicht zu erkennen.

Herschel hat noch 6 den Uranus begleitende Monde entdeckt. Jedoch ist nur die Existenz zweier derselben unbestritten gewiß. Sie zeigen einen starken Lichtwechsel, sind um 17 und 23 Halbmesser des Uranus von diesem entfernt und umkreisen ihn in 8 Tagen 17 St. und 13 Tagen 11 St. Ihre Bahnen sind auf der Erdbahn beinahe senkrecht, und die Richtung ihrer Bewegung geht von Osten nach Westen, während sich die Monde der andern Planeten, so wie alle Planeten selbst, von Westen nach Osten bewegen.

Schon lange vermuthete man, daß sich in dem Raume zwischen Mars und Jupiter ein Planet befände. (Bode's Gesetz zwischen den Entfernungen der Planeten von der Sonne.) Diese Vermuthung bestätigte sich, als Piazzi den 1. Januar 1801 die Ceres entdeckte. Bald darauf wurden in demselben Raume noch 3 andere Planeten: Pallas von Olbers den 28. März

1802, Juno von Harding den 1. September 1804, Vesta von Olbers den 29. März 1807 entdeckt. — Die folgenden Elemente gelten für den 23. Juli 1831.

	mittl. Entf. v. d. Sonne.	Umlaufszeit.	Neigung.	Excentr.
Vesta	2,361	3 J. 230 T.	7° 8′	$\frac{1}{11}$
Juno	2,669	4 „ 132 „	13 2	$\frac{11}{43}$
Ceres	2,771	4 „ 224 „	10 37	$\frac{1}{13}$
Pallas	2,773	5 „ 225 „	34 36	$\frac{8}{33}$

Die Durchmesser dieser vier Planeten sind sehr klein. Den größten unter ihnen hat, wie es scheint, Pallas; er beträgt nach Lamont 145 Meilen.

26. Von den Kräften, durch welche die Bewegungen der Planeten hervorgebracht werden.

Das Gesetz der Trägheit. — Kraft; beschleunigende, bewegende Kraft. Das Parallelogramm der Kräfte. — Bewegung eines Körpers, der einen Stoß erhalten hat und von einer nach einem festen Punkte zu gerichteten Kraft fortwährend getrieben wird. Die gerade Linie von diesem Punkte nach dem sich bewegenden Körper beschreibt in gleichen Zeiten gleiche Flächen. Hiernach und in Folge des zweiten der drei Kepler'schen Gesetze wird jeder Planet von einer nach der Sonne gerichteten Kraft getrieben, oder, wie man sich ausdrückt: er wird von der Sonne angezogen. Diese anziehende Kraft ist in Folge des ersten jener drei Gesetze für jeden Planeten einzeln umgekehrt dem Quadrat seiner Entfernung von der Sonne proportional. Nach dem dritten Gesetze aber steht sie auch von einem Planeten zum andern im umgekehrten Verhältnisse des Quadrats der Entfernung.

Eben so, wie die Bewegung der Planeten um die Sonne durch eine anziehende Kraft der Sonne, wird auch die Bewegung des Mondes um die Erde durch eine anziehende Kraft der Erde erklärt. Es ist dies dieselbe Kraft, welche alle irdischen Gegenstände, wenn sie von der Erde getrennt werden, nach ihr zurücktreibt. Auf gleiche Art werden auch die Bewegungen der übrigen Monde um ihre Hauptkörper durch eine anziehende Kraft der letztern hervorgebracht. Denn diese Bewegungen richten sich ebenfalls nach Kepler's Gesetzen.

Newton (geb. 1642, gest. 1727) folgerte aus diesen und ähnlichen von ihm angestellten Untersuchungen, daß je zwei Theile der Materie sich gegenseitig anziehen, und daß diese anziehende Kraft sich direct wie die Masse des anziehenden Theils und umgekehrt wie das Quadrat seiner Entfernung vom angezogenen Theile verhält.

Es werden daher nicht nur die Planeten von der Sonne, sondern auch diese von jenen, und überhaupt je zwei Körper des Systems, von einander angezogen. Hierdurch werden alle kleinen Abweichungen von den Kepler'schen Gesetzen in dem Laufe der Planeten, das Rückwärtsgehen der Aequinoctien, die Ebbe und Fluth 2c. auf das vollkommenste erklärt. — Störungen. — Stabilität des Planetensystems.

27. Von der Masse und der Dichtigkeit der Planeten.

Durch Vergleichung der anziehenden Kräfte, welche die Erde auf den Mond und die Sonne auf die Erde ausüben, erhält man nach Newton's Gesetz das Verhältniß der Erdmasse zur Sonnenmasse. Auf eben die Art ergeben sich die Massen des Jupiter, Saturn und Uranus im Vergleich zur Sonnenmasse. Die Massen der Planeten Venus und Mars, welche keine Begleiter haben, lassen sich durch die Störungen bestimmen, die jeder von ihnen im Laufe der übrigen Planeten hervorbringt. Die Masse des Merkur ist erst vor wenigen Jahren durch ihren Einfluß auf den dem Merkur im Jahre 1838 ziemlich nahe gekommenen Encke'schen Kometen bestimmt werden.

Aus den Verhältnissen der Massen finden sich die Verhältnisse der Dichtigkeiten der Planeten, da sich die Dichtigkeiten zweier Körper direct wie die Massen und umgekehrt wie die Räume der Körper verhalten.

Die Dichtigkeit der Erdkugel ist durchschnittlich 5 mal so groß, als die des Wassers. Versuche und Beobachtungen, die zu diesem Ende von Maskelyne, von Cavendish und zuletzt von Reich (in Freiberg 1837) angestellt worden sind, haben resp. die Resultate 4,71; 5,32; 5,43 gegeben.

Aus den Verhältnissen zwischen den Massen und den räumlichen Größen der Sonne und der Planeten lassen sich noch die Verhältnisse zwischen den Gewichten berechnen, mit denen ein und derselbe Körper auf den Oberflächen der Sonne und der verschiedenen Planeten lastet. Proportional diesen Gewichten sind die Längen der Secundenpendel (auf der Erdoberfläche im Mittel 3,06 par. Fuß), so wie die Fallräume der Körper in der ersten Secunde (auf der Erdfläche im Mittel 15,09 par. Fuß).

	Masse.	Dichtigkeit.	Gewicht auf der Oberfläche.
Sonne	354936	0,252	2836
Merkur	$\frac{1}{10}$	1,680	66
Venus	$\frac{15}{17}$	0,923	91
Erde	1	1,000	100
Mars	$\frac{2}{15}$	0,948	50
Jupiter	336	0,238	245
Saturn	101	0,138	109
Uranus	198	0,242	105
Mond	$\frac{1}{88}$	0,619	16

V. Von den Kometen.

28. Aeußeres Ansehen und scheinbare Bewegung der Kometen.

Die Kometen haben eben so, wie die Planeten, eine eigene Bewegung, unterscheiden sich aber von ihnen schon durch ihr nebelartiges Ansehen. — Kern, Kopf, Schweif. — Der Schweif ist in der Regel von der Sonne abgekehrt. Mannigfache Form und Größe der Schweife. Kometen ohne Schweife. Einige Kometen sind am hellen Tage sichtbar gewesen, viele andere in der Nacht nur durch Fernröhre.

Die Kometen folgen nicht dem Thierkreise, sondern bewegen sich nach allen möglichen Richtungen, bald geschwinder, bald langsamer. Gemeinhin nähern sich die Kometen nach ihrem ersten Erscheinen der Sonne, werden unsichtbar und kommen dann auf der andern Seite der Sonne wieder zum Vorscheine. Die ganze Dauer der Sichtbarkeit beträgt gewöhnlich nur einige Monate, selten viel über sechs. — Verzeichnisse von Kometen bei älteren Schriftstellern. — Meinungen der Alten über die Natur der Kometen.

29. Wahre Bewegung der Kometen.

Ein von der Sonne nach dem Newton'schen Gesetz der Schwere angezogener Körper kann sich um sie, statt in einer Ellipse, auch in einer Parabel oder Hyperbel bewegen. Verallgemeinerung der Kepler'schen Gesetze. — In der Regel ist das von einer Kometenbahn zu beobachtende Stück schwer von einer Parabel zu unterscheiden, und wenn sich ein Unterschied zeigt, so giebt derselbe eine elliptische Bahn zu erkennen. — Große Excentricität der Kometenbahnen und daraus folgender großer Unterschied zwischen der Geschwindigkeit im Perihel und im Aphel. Die Bahnen der Kometen unterscheiden sich von denen der Planeten, außer ihrer großen Excentricität, noch dadurch, daß sie gegen die Ekliptik alle möglichen Neigungen haben; auch bewegen sich die Kometen nicht blos recht-, sondern auch rückläufig um die Sonne. — Einwirkung der Planeten auf die Bewegung der Kometen, insbesondere auf den Kometen von 1770. Elemente einer Kometenbahn. Bestimmung der Elemente aus drei Beobachtungen. — Verzeichnisse berechneter Bahnen.

30. Von den Kometen, deren Umlaufszeiten bekannt sind.

Komet.	Größte Entf. v. d. Sonne.	Kleinste Entf. v. d. Sonne.	Neigung.	Beweg.
von Halley	35,4	0,6	18°	rückls.
— Encke	4,1	0,4	14°	rechtls.
— Biela	6,2	0,9	13°	rechtls.

Sicherste Art, auf welche sich die Umlaufszeit eines Kometen bestimmen läßt.

Der Halley'sche Komet, so genannt nach Edmund Halley, welcher ihn nach seiner Erscheinung im J. 1682 berechnete und das Resultat fand, daß er eine Umlaufszeit von nahe

76 Jahren habe, schon in den J. 1456, 1531, 1607 gesehen worden sei und gegen das Jahr 1759 wiederkehren werde.

Verschiedenheit seiner Größe bei seinen frühern Erscheinungen. Merkwürdigkeiten bei seiner letzten Erscheinung im Jahre 1835, wo er am 16. November durch seine Sonnennähe ging.

Der Encke'sche Komet wurde von Pons in Marseille den 26. November 1818 entdeckt. Encke berechnete seine Bahn und erkannte daraus seine kurze Umlaufszeit von 3 Jahren und 113 Tagen. Früher war er schon 1786, 1795 und 1805 beobachtet worden. Seit 1818 hat man ihn regelmäßig 1822, 25, 28, 32, 35, 38, 42 gesehen. Er ist nur durch das Fernrohr wahrzunehmen und hat keinen merklichen Schweif.

Encke fand bei der Berechnung dieses Kometen, daß jede Wiederkehr zum Perihel einige Stunden früher eintritt, und schloß daraus, daß sich die Himmelskörper in einem, obschon äußerst feinen, widerstehenden Mittel bewegen.

Der Biela'sche Komet wurde von v. Biela den 28. Februar 1826 zu Josephstadt in Böhmen entdeckt. Seine Umlaufszeit beträgt 6 Jahre 270 Tage. Man fand, daß er schon in den Jahren 1772 und 1805 gesehen worden; auch hat man ihn 1832 wieder beobachtet. Er erscheint als ein kleiner lichtschwacher Nebel ohne Schweif.

Außer diesen drei Kometen hat man keinen mit Gewißheit mehr als einmal gesehen. Von einigen wird es nur mit großer Wahrscheinlichkeit vermuthet, daß sie mehrmals beobachtet worden sind — Der Olbers'sche Komet, von Olbers entdeckt den 6. März 1815, hat eine Umlaufszeit von 74 Jahren.

31. Physische Beschaffenheit der Kometen.

Die Größe des Kerns ist schwer zu bestimmen. Viele Kometen scheinen gar keinen, oder nur einen sehr kleinen Kern gehabt zu haben.

Größe des Kopfs bei verschiedenen Kometen. Bei einigen Kometen hat sich der Kopf in der Sonnennähe vermindert gezeigt. Erklärung dieses Phänomens.

Der Schweif schließt sich bei den meisten Kometen unmittelbar an den Kopf an. Bei einigen, namentlich bei dem von 1811, war er vom Kopfe durch einen dunklen Raum getrennt. Doppelschweif des von 1811. Sechsfächeriger Schweif des von 1744. — Der Schweif ist in der Regel nach der Seite hingebeugt, vonn welcher der Komet herkömmt. — Kometen mit mehreren Schweifen. Nebenschweife. — Veränderlichkeit der Schweife. — Längen verschiedener Schweife. — Hypothesen über die Entstehung der Schweife.

Aeußerst geringe Masse und Dichtigkeit der Kometen. Durchsichtigkeit derselben. Sie glänzen, wie es scheint, nicht mit eigenem, sondern mit erborgtem Sonnenlichte. — Die Anzahl der Kometen kann viele Tausende betragen. — Höchst geringe Wahrscheinlichkeit des Zusammentreffens eines Kometen mit der Erde. Zusammentreffen des Biela'schen Kometen mit der Erde. — Vermutheter Einfluß der Kometen auf unsere Atmospäre.

VI. Von den Fixsternen.

32. Von den Fixsternen im Allgemeinen.

Vertheilung der Sterne in Bilder. Namen einzelner Sterne. Bezeichnung der Sterne durch Buchstaben und Zahlen. Sternkarten und Sternkataloge.

Eintheilung der Sterne nach dem Grade ihres Glanzes in Sterne der 1sten, 2ten, 3ten u. s. w. Größe. Ein gutes Auge sieht noch die Sterne der 6ten Größe. — Sirius, der glänzendste unter den Fixsternen, hat 324 mal so viel Licht, als ein Stern 6ter Größe.

Man zählt 18 Sterne der 1sten, 52 der 2ten, 177 der 3ten und 376 der 4ten Größe. Die Zahl aller Sterne bis zur 6ten Größe beträgt gegen 5000.

Die Entfernung der Fixsterne von uns ist im Allgemeinen nicht meßbar; sie ist größer, als 200 000 Halbmesser der Erdbahn, d. i. größer als 4 Billionen Meilen; die Zeit, welche das Licht gebraucht, um von ihnen bis zu uns zu gelangen, muß hiernach mehr als 3 Jahre betragen. Für den Stern α in der Leier hat Struve diese Zeit $12\frac{1}{3}$ Jahre gefunden; für den Doppelstern 61 im Schwan hat Bessel $10\frac{1}{4}$ Jahre erhalten. — Bei dieser über Alles großen Entfernung der Fixsterne kann ihr Licht nicht von der Sonne herrühren, sondern muß ihnen eigenthümliches Licht sein. — Ist Sirius nur 4 Billionen Meilen entfernt, so muß er wenigstens doppelt so viel Licht, als die Sonne, besitzen.

Die Fixsterne erscheinen in den Fernröhren als bloße Punkte, und diese Punkte sind desto feiner, je besser die angewendeten Instrumente sind.

An sehr vielen Fixsternen hat man eine eigene Bewegung beobachtet, und wahrscheinlich gibt es keinen, der eine solche nicht hätte. Die größte eigene Bewegung hat der Doppelstern 61 des Schwans; sie beträgt $5\frac{1}{10}$ Secunden jährlich. Diese Bewegung der Fixsterne mag zum Theil nur scheinbar sein und von einer Bewegung unsers Sonnensystems herrühren. Nach Argelander ist letztere Bewegung nach einem zwischen ε und λ des Herkules liegenden Punkte gerichtet.

33. Von veränderlichen und neuen Sternen.

Mehrere Sterne erscheinen in Perioden von bestimmter Dauer bald heller, bald dunkler und verschwinden auch wohl auf einige Zeit. Es gehören dahin

	Periode.				Veränd. der Größe.		
o im Wallfische	334	Tage	—	St.	2	bis	unsichtb.
β im Perseus	2	=	21	=	2	=	4
δ im Cepheus	5	=	9	=	3	=	5
χ im Schwan	396	=	21	=	6	=	11
α im Herkules	60	=	6	=	3	=	4
β in der Leier	6	=	9	=	3	=	$4\frac{1}{2}$

Vermuthungen über die Ursache dieser Veränderlichkeit.

Man hat bisweilen Sterne an Orten gesehen, wo vorher keine waren. Tycho entdeckte im Jahr 1572 einen solchen in der Cassiopeia, der sogar am Tage sichtbar war. Kepler entdeckte im J. 1604 einen neuen Stern der 1sten Größe im östl. Fuße des Schlangenträgers; **Anthelm** im J. 1670 einen Stern der 3ten Größe am Kopfe des Fuchses. Alle diese Sterne sind aber nur wenige Jahre sichtbar gewesen.

Bei vielen Sternen bemerkt man eine allmählige Veränderung ihres Glanzes und ihrer Farbe. Altair im Adler wird von Ptolemäus zur 2ten, jetzt zur ersten Größe gerechnet. Der Stern δ im großen Bären ist nach Tycho von der 2ten, jetzt nur von der 4ten Größe. Das Licht des Sirius war ehedem röthlich, jetzt ist es weiß.

34. Von den Doppelsternen.

Es giebt viele Sterne, die, wenn Fernröhre mit hinreichend starker Vergrößerung angewendet werden, in zwei aufgelöst erscheinen. Der ältere **Herschel**, und in unsern Zeiten der jüngere **Herschel**, **South** und **Struve**, haben sehr ausgedehnte Kataloge solcher Doppelsterne geliefert. **Struve** hat unter etwa 120 000 durchmusterten Sternen über 3000 Doppelsterne gefunden, wonach durchschnittlich jeder 40ste Stern ein Doppelstern ist. — Größere Zahl der Fälle, in welchen die zwei Sterne nahe bei einander sind, als derjenigen, in welchen sie weiter auseinander stehen. — Verhältnißmäßig größere Zahl von Doppelsternen unter den helleren Sternen. — Viel häufiger sind zwei Sterne von gleicher Größe, als von ungleicher, zu einem Doppelsterne verbunden.

Alles dieses beweist, daß die meisten Doppelsterne es nicht bloß optisch, sondern auch physisch sind. Bei vielen giebt sich die physische Nähe der beiden Sterne noch kund durch ihr gemeinschaftliches Fortrücken unter den übrigen Sternen, besonders aber durch die Bewegung des einen Sterns um den andern. Diese Bewegung geschieht ganz auf dieselbe Weise, nach welcher sich die Planeten um die Sonne drehen, und das Gesetz der gegenseitigen Anziehung, welches in unserem Sonnensysteme herrscht, muß daher auch jenseits in den Systemen der Doppelsterne walten. Bei 58 Doppelsternen hat man eine Veränderung der gegenseitigen Stellung mit Gewißheit erkannt. Von

7 bis 8 unter ihnen kennt man die Elemente des Umlaufs des einen Sterns um den andern. Die kürzeste Umlaufszeit hat man bei η in der Krone gefunden, wo sie $43\frac{1}{3}$ Jahre beträgt.

Farben der Doppelsterne. Die Farbe des größern Sterns neigt sich meistens zum Gelben und Rothen, während der kleinere in blauer oder blaugrüner Farbe erscheint. — Die einfachen Sterne haben nur weißes oder gelbliches oder röthliches Licht.

Vielfache Sterne.

35. Von der Milchstraße.

Die Mittellinie dieses den Himmel umgebenden lichtvollen Gürtels weicht nur wenige Grade von einem größten Kreise ab. Der Nordpol dieses Kreises liegt über dem Haar der Berenice, der Südpol beim Schwanze des Wallfisches. Die Breite der Milchstraße ist im Einhorn am größten, = 17 Gr., unter den Hinterfüßen des Centauren am kleinsten, = 2 Gr. — Abgesonderte Aeste und dunkle Stellen in derselben. — Verschiedenheit ihres Lichtglanzes. — Sie ist der Schimmer von unzählig vielen sehr nahe bei einander stehenden Sternen. — Von Herschel versuchte Zählungen der Sterne an einigen Stellen der Milchstraße. Ueberhaupt fand Herschel, daß, jemehr man sich der Milchstraße nähert, der Himmel desto reicher an Sternen wird.

Die Erscheinung der Milchstraße hat nach Herschel darin ihren Grund, daß wir uns nahe in der Mitte eines Systems von Sternen befinden, welche einen linsenförmigen Raum einnehmen und darin ziemlich gleichförmig vertheilt sind. Muthmaßliche Dimensionen dieser Linse in Siriusweiten ausgedrückt.

Abweichungen von der gleichförmigen Vertheilung. Sternhaufen.

36. Von den Nebelflecken.

So nennt man kleine mehr oder weniger lichte Stellen am Himmel, die, durch Fernröhre betrachtet, größtentheils ihr nebelartiges Ansehen behalten, zum Theil aber auch in Sterne auflösbar sind. Herschels Kataloge von Nebelflecken enthalten gegen 3000 derselben. — Einige haben ein gleichförmiges, aber sehr mattes Licht; an andern unterscheidet man eine oder mehrere heller glänzende Stellen. — In Gruppen geordnete Nebel, deren jeder eine besonders helle Stelle hat. — Nebel von besonders merkwürdigen Formen. Doppel= und vielfache Nebel, die es meistens gewiß physisch, nicht bloß optisch, sind. — Völlig runde Nebel, deren Licht gegen die Mitte regelmäßig zunimmt. — Sternige Nebel, d. i. Nebel mit einer kleinen hellen Lichtscheibe in der Mitte. — Planetarische Nebel; sie sind rund und haben ein gleichförmiges starkes Licht. — Mit Nebel umgebene Sterne oder Nebelsterne. Sterne mit Nebelringen, mit Nebelarmen. Mit Nebel umgebene Doppelsterne. — Auflösbare Nebel. Zuweilen sind in einem Raume, der nur 8 bis 10 Minuten im Durchmesser hat, 10 bis 20tausend Sterne enthalten.

Besonders merkwürdige Nebel: Der Nebel im Orion. Der Nebel in der Andromeda.

Herschels Hypothese über die Ausbildung der Nebel zu Sternen.

Die vorzüglichern bei uns sichtbaren Sternbilder nach ihrer gegenseitigen Lage geordnet.

Nördliche Sternbilder.				Südliche Sternbilder		
				Fische	Wallfisch Eridan.	
	Cepheus	Cassiopeia	Andromeda	|		
			Triangel	Widder		
			Perseus	|		
				Stier		
			Fuhrmann	|	Orion	Haase
				Zwillinge	Gr. Hund	
	Kleiner Bär		Luchs	|	Einhorn	
		Drache (Schwanz)	Großer Bär	Krebs	Kl. Hund	
				|		Wasser — schlange
			Kleiner Löwe	Löwe		
			Haar der Berenice	|	Becher	
			Bootes	Jungfrau		
			Nördl. Krone	|	Rabe	
Drache (Kopf)				Waage		
			Schlangen-	|		
	Herkules		halter	Skorpion		
			u. Schlange	|		
	Leier			Schütze		
		Pfeil	Adler	|		
	Schwan			Steinbock		
			Delphin	|	Südl. Fisch	
			Füllen	Wassermann		
			Pegasus	|		
				Fische		

Druck von Hirschfeld in Leipzig.

Die Hauptsätze

der

Astronomie

zum

Gebrauche bei seinen Vorlesungen für Gebildete

zusammengestellt

von

August Ferdinand Möbius.

Dritte verbesserte und vermehrte Auflage.

Leipzig,
bei Georg Joachim Göschen.
1853.

I. Von der Erde.

1. Von der täglichen Umdrehung der Himmelskugel.

Die Erde erscheint uns als eine große Kreisscheibe, und der Himmel als ein auf dieser Scheibe ruhendes Kugelgewölbe.

Horizont. Verticallinie. Zenith. Nadir.

Fast alle Himmelskörper bleiben in unveränderter Lage gegen einander, verändern aber fortwährend ihre Lage gegen den Horizont, so daß es scheint, als ob sie an der inneren Fläche einer Hohlkugel, in deren Mittelpunkte sich der Beobachter befindet, befestiget wären und durch gleichförmige Umdrehung dieser Kugel um eine durch den Mittelpunkt gehende feste Axe eine gemeinschaftliche Kreisbewegung erhielten.

Sterntag. — Weltaxe, Nordpol, Südpol. Parallelkreise, Aequator. — Meridian. Culmination, obere, untere. — Mittagslinie. Nord-, Süd-, Ost-, Westpunkt. — Aufgang, Untergang. — Polhöhe. Aequatorhöhe.

Verschiedene Geschwindigkeit der Sterne in verschiedenen Parallelkreisen. — Die Sterne, deren Entfernung vom Nordpole (Südpole) kleiner, als die Polhöhe, ist, gehen nie unter (auf). — Die Zeit von der oberen Culmination bis zur unteren ist der Zeit von der unteren bis zur oberen gleich. — Die Zeit vom Aufgange bis zum Untergange wird durch die Culmination halbirt.

2. Von der Gestalt der Erde.

Beobachtungen. 1) An jedem Orte der Erde werden die scheinbaren gegenseitigen Entfernungen der Sterne von derselben Größe beobachtet. 2) Dagegen ist die Polhöhe nicht an jedem Orte von gleicher Größe, sondern größer in den nördlich von uns liegenden Ländern, kleiner in den südlich gelegenen. 3) Eben so geht auch ein und derselbe Stern an verschiedenen Orten nicht zu gleicher Zeit auf oder unter, sondern früher an östlicheren, später an westlicheren.

Aus 1) folgt, daß auch der größte Abstand, den zwei Oerter auf der Erde von einander haben können, gegen die Abstände der Sterne von der Erde unendlich klein ist; aus 2), daß die Erde von Norden nach Süden, und aus 3), daß sie von Osten nach Westen gekrümmt ist. Genauere Beobachtungen zeigen, daß beide Krümmungen gleichförmig, also kreisförmig sind, und die Erde der Gestalt einer Kugel sehr nahe kömmt, was auch durch andere Erfahrungen und Beobachtungen vollkommen bestätigt wird. Dahin gehören: a) die Rundung des Horizonts; b) die Bemerkung, daß von hohen und entfernten irdischen Gegenständen nur die oberen Theile sichtbar sind; c) der runde Schatten der Erde bei Mondfinsternissen; d) die Reisen um die Erde seit 1519.

Erdaxe, Erdpole, irdischer Aequator, irdische Meridiane und Parallelkreise. — Länge, Breite. Die Breite eines Ortes ist seiner Polhöhe gleich. — Der Unterschied der Längen zweier Oerter, in Zeit verwandelt, indem man auf 360 Grade 24 Stunden rechnet, ist dem Unterschiede der in einem und demselben Zeitpunkte an beiden Oertern gezählten Zeiten gleich.

3. Von der Größe der Erde.

Der Unterschied der Polhöhen zweier Oerter, die in einerlei Meridiane liegen, giebt den zwischen die Oerter fallenden Bogen des Meridians in Graden ausgedrückt. Mißt man hierauf denselben Bogen nach einem bekannten Längenmaße, z. B. nach Meilen, so erhält man durch Vergleichung der auf den Bogen gehenden Grade und Meilen die Anzahl von Meilen, welche auf 360 Grade, d. i. auf den ganzen Umring der Erde, gehen.

Aelteste Ausmesser der Erde: Eratosthenes, im dritten, und Posidonius, im ersten Jahrhunderte vor Chr.; der Kalif Almamum, 827 Jahre nach Chr.

Vollkommnere Messungen: von Snellius 1615 (Triangulirung); von Picard 1669 (Fernröhre); von Joh. und Jac. Cassini von 1683 bis 1718.

4. Genauere Bestimmung der Gestalt und Größe der Erde.

Messungen, wodurch vorzüglich die Gestalt der Erde näher bestimmt werden sollte, sind die von Bouguer, de la Condamine u. A. im nördlichen Theile von Peru (1735—44) und von Maupertuis, Clairaut u. A. in Lappland (1736—37) angestellten. Es ergaben sich hieraus die Grade eines Meridians nach dem Aequator hin kleiner, nach den Polen hin größer, und man schloß daraus, daß die Erde an den Polen etwas abgeplattet sein müsse.

Die berühmteste unter den neueren Gradmessungen ist die in Frankreich zur Bestimmung einer Maßeinheit (Mètre = dem 10 000 000sten Theil eines Meridianquadranten) unternommene. Delambre und Mechain 1792—98; Biot und Arago 1807—8. Aus dieser und mehreren anderen in neuerer Zeit ausgeführten Messungen ergeben sich:

der halbe Aequatorialdurchm. = 3 272 077 Toisen (1 Toise = 6
der halbe Polardurchmesser = 3 261 139 „ paris. Fuß.)
die Abplattung = $\frac{1}{299}$.

Eine geographische Meile ist der 15te Theil eines Grades des Aequators und hat hiernach eine Länge von 3807¼ Toisen. Der Aequator enthält daher 5400 und sein Durchmesser 1719 geographische Meilen; der Durchmesser von Pol zu Pol nur 1713 Meilen.

5. Von der Axendrehung der Erde.

Die Erscheinung der täglichen Umdrehung der Himmelskugel um eine feste Axe von Morgen nach Abend kann auch dadurch hervorgebracht werden, daß die Himmelskugel ruht, und daß die Erdkugel sich täglich einmal um dieselbe Axe von Abend nach Morgen dreht. Letztere Annahme ist wegen der größtentheils unermeßlichen Entfernungen der unzählig vielen und zum Theil unsere Erde an Größe bei weitem übertreffenden Himmelskörper ungleich wahrscheinlicher, als die Drehung der Himmelskugel. Seitdem man aber in neuerer Zeit die Erdkugel an beiden Polen etwas abgeplattet gefunden und an verschiedenen Orten Beobachtungen über die Schwingungszeiten von Pendeln*) und über die Abweichung fallender Körper von der Verticallinie nach Osten**) angestellt hat, ist die Drehung der Erdkugel bis zur vollkommensten Gewißheit erhoben. — Einen sehr augenfälligen Beweis für diese Drehung liefert noch die von Foucault im Jahre 1851 nachgewiesene Drehung der Schwingungsebene eines Pendels um die Verticallinie von Osten nach Westen.

6. Von der Atmosphäre.

Die Erde ist ringsum von einer schweren, elastischen und durchsichtigen Flüssigkeit umgeben, welche die Atmosphäre genannt wird. Da hiernach die oberen Theile der Atmosphäre die unteren zusammendrücken, und dem Drucke der Luft ihre Dichtigkeit proportional ist, so ist sie an der Erdoberfläche am dichtesten und nimmt an Dichtigkeit immer mehr ab, je weiter man sich von

---

*) Die Schwerkraft, und damit auch das Gewicht eines und desselben Körpers, der Fallraum eines Körpers in der ersten Secunde, so wie die Länge eines Secundenpendels, nehmen vom Aequator nach den Polen hin zu. Jede dieser Größen ist wegen der Axendrehung der Erde um $\frac{1}{289}$, wegen der abgeplatteten Gestalt der Erde um $\frac{1}{590}$, und folglich wegen beider Ursachen zugleich um $\frac{1}{194}$, größer unter den Polen, als unter dem Aequator.

**) Beobachtungen über fallende Körper sind zuletzt im Jahre 1831 von Reich im Dreibrüderschachte bei Freiberg angestellt worden. Bei einer Tiefe des Falles von 488 paris. Fuß betrug die aus 106 fallenden Kugeln im Mittel geschlossene östliche Abweichung 12,6 Linien, welche nur um 0,4 Linien die aus der Theorie gefolgerte Abweichung übertraf.

der Erde entfernt. So oft man um etwa ½ Meilen höher steigt, findet man die Luft halb so dicht, als an der tieferen Station. Die Höhe der Atmosphäre dürfte nicht über 10 Meilen betragen.

Durch die Atmosphäre werden die Strahlen der Sterne von ihrem Wege etwas abgelenkt, so daß jeder Stern höher erscheint, als er wirklich steht. Dieser Unterschied zwischen der wahren und der scheinbaren Höhe heißt die Refraction. Sie ist am Horizonte am größten, im Mittel 33 Minuten, in der Höhe von 43 Graden nur noch 1 Minute, im Zenith null. — Wegen der Refraction scheinen die Himmelskörper eher auf- und später unterzugehen. — Elliptische Gestalt der Sonnen- und Mondscheibe am Horizonte.

Noch andere durch die Atmosphäre bewirkte Erscheinungen sind die Morgen- und die Abenddämmerung, die blaue Farbe des Himmels, das Funkeln der Fixsterne.

II. Von der Sonne.

7. Bewegung der Sonne in der Ekliptik.

Die Sonne verändert ihre Lage gegen die Sterne fortwährend, und zwar dergestalt, daß sie in dem Zeitraume von 365¼ Tagen, welchen man ein Jahr nennt, der täglichen Bewegung entgegen einen größten Kreis, die Ekliptik, zu beschreiben scheint. Der Winkel dieses Kreises mit dem Aequator, oder die Schiefe der Ekliptik, beträgt $23^0\ 27'$.

Frühlings- und Herbstäquinoctialpunkt (21. März und 22. Juni); Sommer- und Wintersolstitialpunkt (23. Sept. und 22. Dec.). — Theilung der Ekliptik in zwölf Zeichen. — Länge der Sonne. — Sonnenzeit. 1 Tag Sonnenzeit beträgt im Mittel 1 Tag 3′ 57″ Sternzeit.

8. Elliptische Bewegung der Sonne.

Die scheinbare Geschwindigkeit der Sonne in ihrer Bahn ist nicht immer von derselben Größe. Am größten ist sie bei einer Länge der Sonne von 280° (d. 1. Jan.), wo letztere in einem Tage um 61′ 10″ fortrückt; am kleinsten ist die Geschwindigkeit bei einer Länge von 100° (d. 2. Juli), wo die Sonne in einem Tage einen Bogen von 57′ 12″ beschreibt. Unterschied zwischen der wahren und der mittleren Sonnenzeit. Erstere wird von der wahren, letztere von einer erdichteten mittleren Sonne angezeigt, welche sich längs des Aequators gleichförmig bewegt und mit der wahren Sonne einerlei Umlaufszeit hat.

Auch der scheinbare Durchmesser der Sonne, mithin auch ihre Entfernung von der Erde, ist kleinen Aenderungen unterworfen. Am größten ist ihr Durchmesser, = 32′ 35″, folglich ihre Entfernung am kleinsten, da, wo ihre Geschwindigkeit am größten ist. Am kleinsten, ist der Durchmesser, = 31′ 30″, folglich die Entfernung am größten, in dem entgegengesetzten Punkte der Bahn, wo die Geschwindigkeit am kleinsten ist.

Aus diesen und vielen anderen Beobachtungen über den scheinbaren Durchmesser und die scheinbare Geschwindigkeit der Sonne hat man gefunden, daß die Sonne alljährlich eine Ellipse beschreibt, in deren einem Brennpunkte die Erde ruht, und daß die gerade Linie vom Mittelpunkte der Erde nach dem Mittelpunkte der Sonne (Radius Vector der Sonne) in gleichen Zeiten gleiche Flächen der Ellipse überstreicht. — Die Excentricität dieser Ellipse ist = $\frac{1}{60}$.

9. Wahre Größe und Entfernung der Sonne.

Aus dem mittleren Werthe des scheinbaren Sonnendurchmessers, 32′ 2″, folgt, daß die Sonne im Mittel um 107$\frac{3}{10}$ ihrer Durchmesser von der Erde entfernt ist. Aus den in des Jahren 1761 und 1769 beobachteten Vorübergängen der Venun vor der Sonnenscheibe hat man berechnet, daß die Erde von der Sonne aus unter einem Winkel von 17½ Sec. im Mittel erscheint. Hieraus folgt, daß der Durchmesser der Sonne 112 mal, ihre Oberfläche 12 600 mal und ihr körperlicher Inhalt 1 414 000 mal größer, als der Durchmesser, die Oberfläche und der körperliche Inhalt der Erde ist, und daß die

Sonne um 12032 Durchmesser des Erdäquators oder 20 682 329 Meilen von der Erde im Mittel entfernt ist.

10. Von der Bewegung der Erde um die Sonne.

Das Phänomen der jährlichen Bewegung der Sonne um die Erde läßt sich auch dadurch erklären, daß die Sonne ruht, und daß die Erde alljährlich um die in dem einen Brennpunkte stehende Sonne eine Ellipse von derselben Größe und Form mit derselben Richtung und Geschwindigkeit beschreibt, welche die Sonne um die Erde zu beschreiben scheint. Diese Erklärung ist schon deshalb viel wahrscheinlicher, weil die Sonne ein fast anderthalb Millionen mal größerer Körper, als die Erde ist, und wird durch die in der ersten Hälfte des vorigen Jahrhunderts von Bradley entdeckte Aberration des Lichtes auf das unumstößlichste bewiesen. Läuft nämlich die Erde um die Sonne, so muß durch die vereinigte Wirkung dieser Bewegung und der 10000 mal schnelleren des Lichtes jeder Fixstern eine kleine Ellipse zu beschreiben scheinen, deren größter Durchmesser der Ekliptik parallel ist und 40″ beträgt. Diese kleinen Bewegungen lassen sich aber an allen Fixsternen auch wirklich beobachten.

Perihelium, Aphelium, Apsidenlinie.

11. Veränderungen der Elemente, welche die Bewegung der Erde um ihre Axe und um die Sonne bestimmen.

Während sich die Erde jährlich einmal um die Sonne bewegt, dreht sie sich täglich einmal um eine sich zwar nahe, aber doch nicht ganz vollkommen, parallel bleibende Axe. Diese Axe dreht sich nämlich in dem Zeitraume von fast 26000 Jahren nach einem der Bewegung der Erde um die Sonne entgegengesetzten Sinne um die Axe der Ekliptik, mit welcher Axe sie nahe immer denselben Winkel (= der Schiefe der Ekliptik) macht.

Folgen dieser Drehung der Axe sind: das Rückwärtsgehen der Aequinoctialpunkte in der Ekliptik um $50\frac{2}{10}$ Sec. jährlich, — die langsame Aenderung der Lage der Sterne gegen den Aequator und dessen Pole, — der zu machende Unterschied zwischen den Zeichen und den Bildern der Ekliptik, — der Unterschied zwischen

dem tropischen Jahre = 365 Tage 5 St. 48 Min. 48 Sec.
und dem siderischen „ = 365 „ 6 „ 9 „ 11 „

Die Schiefe der Ekliptik hat seit der ältesten historischen Zeit fortwährend abgenommen; diese Abnahme beträgt gegenwärtig in 100 Jahren 48 Sec.

Die Apsiden rücken jährlich 11 Sec. vorwärts.

Die Excentricität vermindert sich in 100 Jahren um $\frac{1}{23261}$.

12. Von den Flecken und der Axendrehung der Sonne.

Nicht selten erblickt man auf der Sonne schwarze Flecken, die in der Regel von einem lichtschwachen grauen Nebel umgeben sind. Aus der Bewegung derselben folgt, daß sich die Sonne in 25½ Tagen nach derselben Richtung, wie die Erde, um eine Axe dreht, die mit der Axe der Ekliptik einen Winkel von 7½ Graden macht, und deren Nordpol nach dem 348sten Grade der Ekliptik zu liegt.

Größe und Veränderlichkeit der Flecken. — Herschel's Hypothese über die Natur der Sonne, wonach die Oberfläche dieses Körpers an sich dunkel und von einer stark glänzenden Lichthülle umgeben ist. In dieser Hülle entstehende Oeffnungen, durch welche man auf den nicht selbstleuchtenden Körper hinabsehen kann, bringen die Erscheinung der Flecken hervor. — Sonnenfackeln, oder Stellen, welche beträchtlich heller, als der übrige Grund der Sonnenscheibe sind.

Das Zodiakallicht, ein blasser Schimmer, der im Frühjahr bald nach Sonnenuntergang und im Herbste vor Sonnenaufgang von der Sonne ab am Horizonte schief aufwärts nach der Richtung der Ekliptik, oder vielmehr des Sonnenäquators, fortgeht und spitzig zuläuft.

III. Von dem Monde.

13. Vom Laufe des Mondes um die Erde.

Unter allen Himmelskörpern hat der Mond scheinbar die größte eigene Bewegung. Seine Bahn, in der er eben so, wie die Sonne, von Abend nach Morgen fortrückt, durchläuft er in Bezug

auf die Sonne: in 29 Tag. 12 St. 44′ 3″ — synodischer Monat.
= = Sterne: = 27 = 7 = 43′ 12″ — siderischer =
= Aequinoct. = 27 = 7 = 43′ 5″ — periodischer =

235 synodische Monate sind nur um 1½ Stunde kleiner als 19 julianische Jahre. Meton's Mondcykel. Güldene Zahl.

Die scheinbare Mondsbahn ist ein größter Kreis, der die Ekliptik unter einem Winkel von 5° 8′ 48″ schneidet. Die Schneidepunkte heißen die Knoten. — Aufsteigender — niedersteigender Knoten.

Die Knoten haben eine rückgängige (der scheinbaren eigenen Bewegung der Sonne oder des Mondes entgegengesetzte) Bewegung, welche in Beziehung auf die Fixsterne in 365 Tagen 19° 20′ 32″ beträgt.

Siderische Umlaufszeit der Knoten: 18 jul. Jahre 218 Tage 21 St. 23′ 9″.

Das Knotenjahr oder die Umlaufszeit der Sonne in Bezug auf die Knoten: 346 Tage 14 St. 52′ 35″. Der Zeitraum von 223 synodischen Monaten, d. i. von 18 jul. Jahren 11 Tagen 7 St. 42′ 29″ ist sehr nahe gleich 19 Knotenjahren.

14. Lichtgestalten, Entfernung und Größe des Mondes.

Die Veränderung der Lichtgestalt des Mondes hängt mit seiner scheinbaren Entfernung von der Sonne genau zusammen. Es beweist diese Veränderung, daß der Mond eine an sich dunkle von der Sonne erleuchtete Kugel ist, und daß er uns um vieles näher, als die Sonne, sein muß. Aus dem zu gleicher Zeit von verschiedenen Orten der Erde beobachteten verschiedenen Stande des Mondes gegen die benachbarten Sterne hat man geschlossen, daß vom Monde aus der Halbmesser der Erde im Mittel unter einem Winkel von 57′ 1″ erscheint, daß folglich der Mond von der Erde um $60\frac{3}{10}$ Halbmesser der letztern, d. i. um 51 800 Meilen im Durchschnitte von dem Mittelpunkte der Erde entfernt ist, und uns damit 399 mal näher, als die Sonne, steht.

Der scheinbare Durchmesser des Mondes ist im Mittel = 31′ 7″ und damit der 110te Theil seiner Entfernung von der Erde. Hieraus folgt der wahre Durchmesser des Mondes = $\frac{3}{11}$ des Durchmessers der Erde = 469 Meilen; seine Oberfläche = $\frac{1}{13}$ und sein körperlicher Inhalt = $\frac{1}{49}$ der Oberfläche und des Inhalts der Erde.

15. Genauere Bestimmung der Bewegung des Mondes.

Die scheinbare Geschwindigkeit des Mondes und sein scheinbarer Durchmesser sind kleinen Veränderungen unterworfen, die sich ziemlich befriedigend erklären lassen, wenn man annimmt, daß der Mond sich in einer Ellipse bewegt, in deren einem Brennpunkte die Erde sich befindet; und daß der Radius Vector des Mondes in gleichen Zeiten gleiche Flächen beschreibt. Die Excentricität dieser Ellipse ist = $\frac{1}{18}$.

Perigäum, Apogäum, Apsidenlinie.

Die Apsidenlinie hat eine vorwärts gehende Bewegung von 40° 40′ jährlich. Ihre siderische Umlaufszeit beträgt 8 julian. Jahre 310 Tage 13 St. 48′ 29″.

Der Mond kehrt uns immer nahe dieselbe Seite zu und dreht sich daher bei jedem Umlauf um eine auf der Ebene seiner Bahn nahe perpendicular stehende Axe. Diese Umdrehung ist vollkommen gleichförmig, und die Axe macht mit der Axe der Ekliptik einen Winkel von 1° 28′. Hierdurch wird die Libration oder das Schwanken des Mondes in Länge und Breite erklärt.

16. Von den Mondfinsternissen.

Die von der Sonne erleuchtete Erde wirft einen kegelförmigen Schatten hinter sich, der $108\frac{3}{10}$ Erddurchmesser lang ist.

Tritt der nur 30 Durchmesser der Erde von ihr entfernte Mond in diesen Schatten, so erleidet er eine Finsterniß. In der Gegend, wo der Mond durch den Schatten geht, ist der Durchmesser des Schattens 2⅔ mal so groß, als der Durchmesser des Mondes. — Es folgt hieraus, daß eine Mondfinsterniß nur zur Zeit des Vollmonds, und wenn dann der Mond nahe bei dem einen seiner Knoten steht, stattfinden kann. Im Durchschnitte ereignet sich eine solche, wenn der Vollmond weniger als 10½ Grade von dem einen der beiden Knoten entfernt ist.

Totale, partiale Finsternisse. — Eine Mondfinsterniß beginnt am östlichen Rande des Mondes und hört auf am westlichen. — Unsicherheit des Anfangs und Endes wegen des Halbschattens. — Röthliche Farbe des Mondes bei totalen Finsternissen.

17. Von den Sonnenfinsternissen.

Die Länge des ganzen Schattens, den der von der Sonne beleuchtete Mond hinter sich wirft, ist nahe dem Abstande des Mondes von der Erde gleich. Der Durchmesser des Halbschattens an der Spitze des ganzen Schattens ist ⅝ des Durchmessers der Erde. Trifft nun der Halbschattenkegel die Erde, so wird in allen den Ländern, welche innerhalb des Kreises des Halbschattens liegen, eine Sonnenfinsterniß, d. i. eine ganze oder theilweise Bedeckung der Sonne von dem Monde, wahrgenommen, und der bedeckte Theil der Sonne ist um so größer, je näher der Beobachter dem ganzen Schatten ist.

Sonnenfinsternisse ereignen sich daher nur zur Zeit des Neumondes, und wenn zugleich der Mond nahe bei dem einen seiner Knoten, durchschnittlich nicht mehr als 16° von ihm entfernt ist. Totale, partiale, ringförmige Finsternisse. Merkwürdige Erscheinungen bei totalen Finsternissen.

Eine Sonnenfinsterniß nimmt für einen bestimmten Ort der Erde ihren Anfang am westlichen Sonnenrande und hört auf am östlichen.

Nach 19 Knotenjahren oder 18 jul. Jahren und 11 Tagen kehren die Sonnen- und Mondfinsternisse sehr nahe in derselben Ordnung wieder. Es ereignen sich in dieser Periode 41 Sonnen-

und 29 Mondfinsternisse; doch sind für einen bestimmten Ort der Erde erstere etwa dreimal seltener, als die letzteren.

Gebrauch der Mond- und vorzüglich der Sonnenfinsternisse zu geographischen Längenbestimmungen.

18. Physische Beschaffenheit des Mondes.

Mondcharten von Galiläi, Hevel, Riccioli, Cassini, Tobias Maier, Schröter, Lohrmann, Beer und Mädler. — Ausmessung der Erhabenheiten und Vertiefungen auf der Mondfläche.

Die Erhabenheiten sind größtentheils Wall- oder Ringgebirge, welche meistens tiefe Krater, zuweilen aber auch Ebenen einschließen, in denen sich nicht selten kegelförmige Berge erheben; außerdem noch einzeln stehende Berge, fortgehende Gebirgsketten und flache Bergadern.

Außer den genannten Kratern giebt es noch viele Vertiefungen ohne Wallberge und nicht sehr tiefe Rillen oder Kanäle.

Die Ebenen haben eine graue Farbe, sind aber nicht Meere, wie man ehedem glaubte. Ueberhaupt findet sich auf dem Monde keine Spur von Wasser, so wie auch die den Mond umgebende Atmosphäre, wenn er anders eine solche hat, viel dünner als die unsrige sein muß.

Wahrscheinliche Bildung der Mondfläche durch vulcanische Ausbrüche.

IV. Von den Planeten.

19. Scheinbare Bewegung der Planeten.

Die bei weitem meisten Sterne verändern ihre gegenseitige Lage nur unmerklich und werden deshalb Fixsterne genannt. Nur einige wenige haben eine auffallende eigene Bewegung und heißen daher Planeten d. i. Irrsterne. Fünf derselben, Merkur, Venus, Mars, Jupiter und Saturn, lassen sich mit bloßen Augen wahrnehmen und unterscheiden sich von den übrigen Sternen, außer ihrem Fortrücken, noch durch ihr weniger funkelndes Licht. Durch Fernröhre beobachtet, zeigen sie sich als kleine Scheiben.

Die Planeten, mehrere der in neuerer Zeit entdeckten ausgenommen, entfernen sich von der Ekliptik nie über 9 Grad. Zodiakus.

Merkur und Venus halten sich immer in der Nähe der Sonne auf. Abend- und Morgenstern. Conjunction, größte östliche und westliche Digression.

Die übrigen Planeten können in Bezug auf die Sonne jede Stellung einnehmen. — Conjunction, Opposition, östliche und westliche Quadratur. — Den größten Theil der Zeit sind diese Planeten rechtläufig. Ihre rechtläufige Bewegung ist in der Conjunction am größten, jedoch immer noch kleiner, als die der Sonne. Einige Zeit vor der Opposition werden sie rückläufig und bleiben es bis eben so lange nach derselben. — Synodische Umlaufszeit.

20. Wahre Bewegung der Planeten.

Die einfachste, von Copernikus (geb. 1473, gest. 1543) gegebene, Erklärung der scheinbaren Bewegung ist folgende: Die Planeten beschreiben, jeder mit nahe gleichförmiger Geschwindigkeit, nahe kreisförmige und von der Ebene der Ekliptik nur wenig abweichende Bahnen um die Sonne. Die Bahnen des Merkur und der Venus werden von der Erdbahn, und letztere wird von den Bahnen der übrigen Planeten eingeschlossen. Die Erde ist hiernach gleichfalls ein Planet. — Untere, obere Planeten. — Methode, die siderischen Umlaufszeiten und die Entfernungen der Planeten von der Sonne zu bestimmen.

	Synod. Uml.	Sider. Uml.	Entf. v. d. Sonne
Merkur	— Jahr 116 Tage	— Jahr 88 Tage	0,387
Venus	1 „ 219 „	— „ 225 „	0,723
Erde		— „ 365 „	1,000
Mars	2 „ 49 „	1 „ 322 „	1,524
Jupiter	1 „ 34 „	11 „ 315 „	5,203
Saturn	1 „ 13 „	29 „ 167 „	9,539

Die Jahre sind julianische, d. i. von 365 Tagen und 6 Stunden.

21. Genauere Bestimmung der Planetenbewegungen.

Die Bewegungen der Planeten richten sich nach folgenden drei von Kepler (geb. 1571, gest. 1630) entdeckten Gesetzen:

Jeder Planet bewegt sich in einer Ellipse, in deren einem Brennpunkte die Sonne sich befindet.

Der Radius Vector eines Planeten beschreibt in gleichen Zeiten gleiche Flächen.

Die Quadrate der Umlaufszeiten der Planeten verhalten sich wie die Würfel ihrer mittlern Entfernungen von der Sonne.

Die Elemente einer Planetenbahn, d. i. die zur Bestimmung des Laufs eines Planeten nöthigen Stücke, sind hiernach folgende sechs: Länge des aufsteigenden Knoten, Neigung, Länge des Perihels, Excentricität, halbe große Axe, Länge in der Epoche.

22. Vom Merkur, Venus und Mars.

	Neigung	Excentr.	Scheinb.	Wahrer	Inhalt	Axendrehung.
			Durchmesser.			
Merkur	7° 0′	$\frac{1}{5}$	4″ bis 12″	$\frac{2}{5}$	$\frac{1}{17}$	24 St. 5′
Venus	3 23	$\frac{1}{148}$	10 = 62	$\frac{86}{87}$	$\frac{22}{23}$	23 = 21
Erde	0 0	$\frac{1}{60}$		1	1	23 = 56
Mars	1 51	$\frac{1}{11}$	3 = 23	$\frac{14}{27}$	$\frac{1}{7}$	24 = 37
Jupiter	1 19	$\frac{1}{21}$	30 = 46	$11\frac{1}{4}$	1414	9 = 55
Saturn	2 30	$\frac{1}{18}$	15 = 20	9	735	10 = 29

Merkur und Venus glänzen mit weißem Lichte. — Phasen derselben. — Vorübergang des Merkur und der Venus vor der Sonne. — Auf den Oberflächen dieser Körper beobachtete Erscheinungen.

Mars hat ein röthliches Licht; er erscheint in den Quadraturen nicht völlig rund. Die Flecken auf ihm sind größtentheils beständig; besonders merkwürdig sind die glänzenden Flecken an seinen Polen. Die Ebene seines Aequators ist gegen die Ebene seiner Bahn 28° 42′ geneigt.

23. Vom Jupiter und seinen vier Monden.

Jupiter ist nach der Venus der glänzendste Planet; sein Licht ist gelblich. — Dunkle Streifen auf seiner Oberfläche.

Veränderlichkeit derselben. Dunkle Flecken, aus deren Bewegung man eine Axendrehung von 9 St. 55 M. hergeleitet hat. Die Axe ist perpendicular auf den Streifen. Der Aequator Jupiters macht mit der Ebene der Bahn Jupiters einen Winkel von 3° 6′. An den Polen ist Jupiter in dem Verhältniß von 15 zu 14 abgeplattet.

Um den Jupiter laufen in nahe kreisförmigen Bahnen und nahe bei der Ebene seines Aequators vier Monde, die wir fast in gerader Linie und fast parallel mit den Streifen sich hin und her bewegen sehen. Sie sind zuerst von Simon Marius in Ansbach im December 1609 wahrgenommen worden. Ihre Abstände von Jupiters Mittelpunkte, ausgedrückt in Halbmessern Jupiters, sind: 6, $9\frac{6}{10}$, $15\frac{4}{10}$, 27; ihre Umlaufszeiten: 1 Tag 18 St., 3 T. 13 St., 7 T. 4 St., 16 T. 17 St.; ihre Durchmesser: $\frac{1}{30}$, $\frac{1}{41}$, $\frac{1}{25}$, $\frac{1}{29}$ des Durchmessers des Jupiter. — Merkwürdige Verhältnisse bei den Bewegungen der drei ersten Monde. — Verfinsterungen der Monde durch Jupiters Schatten. Die Beobachtung dieser Finsternisse veranlaßte den dänischen Astronomen Olaus Römer im J. 1675 zur Entdeckung der Geschwindigkeit des Lichts; er fand, daß das Licht in 8′ 13″ den Halbmesser der Erdbahn und daher in 1 Sec. 41 000 Meilen durchläuft. — Gebrauch derselben Finsternisse zur Bestimmung geographischer Längen. — Veränderlichkeit in der Helligkeit der Jupitersmonde. Man hat hieraus gefolgert, daß jeder von ihnen dem Jupiter immer dieselbe Seite zukehrt.

24. Vom Saturn, seinem Ringe und seinen acht Monden.

Saturn hat eine matt weiße Farbe und helle und dunkle Streifen, die aber breiter und weniger scharf begränzt, als die Streifen auf dem Jupiter sind. Auch bemerkt man oft dunkle Flecken, woraus man auf eine Axendrehung von 10 St. 29′ geschlossen. Die Axe ist gegen die Ekliptik um 61° 49′ geneigt und ihr Nordpol nach dem 77. Grade der Ekliptik gerichtet. An den Polen ist Saturn im Verhältniß von 10 zu 9 abgeplattet.

Saturn ist, nach Huygens Entdeckung im J. 1660, von einem frei über seinem Aequator schwebenden Ringe umgeben. Die Breite des Ringes und der Abstand seiner innern Kante von Saturns Oberfläche verhalten sich zum Halbmesser des Saturn, wie 79 und 51 zu 100; die Dicke des Ringes ist jedenfalls sehr unbeträchtlich. Die Breite des Ringes ist nach den Beobachtungen Herschel's durch einen dunkeln Streifen, = $\frac{1}{16}$ der Breite, von außen nach innen im Verhältniß von 8 zu 13 getheilt, und der Ring ist hiernach eigentlich aus zwei concentrischen Ringen zusammengesetzt. Spätere Beobachter haben den äußern und schmälern dieser beiden Ringe in noch schmälere getheilt gefunden. — Erscheinung des Ringes von der Erde aus, vom Saturn aus. Der Ring verschwindet für uns alle 15 Jahre, zuletzt 1848. — Umdrehung desselben um die Axe Saturns. — Excentrische Lage des Ringes gegen den Saturn, von Schwabe 1827 bemerkt. — Gegen Ende des Jahres 1850 ist zwischen dem innern Ringe und dem Hauptplaneten ein dritter sehr matter und lichtschwacher Ring entdeckt worden.

Saturn ist von 8 Monden umgeben. Den 6. entdeckte Huygens im J. 1655; den 8., 5., 4., 3. Cassini gegen Ende des 17. Jahrhunderts; den 1. und 2. Herschel in den Jahren 1787 und 1789; den 7. endlich Lassell und Bond 1848. Die Bahnen dieser Monde sind, so weit wir sie kennen gelernt haben, nahe kreisförmig und fallen nahe mit der Ebene des Ringes zusammen, die Bahn des 8. ausgenommen, welche gegen diese Ebene eine beträchtliche Neigung hat. Ihre Umlaufszeiten gehen von 23 St. bis zu 79 Tagen 8 St.; ihre Abstände von Saturns Mittelpunkte gehen von $3\frac{4}{10}$ bis $64\frac{4}{10}$ Halbmesser des Saturn. — Der größte ist der 6., wahrscheinlich nicht viel kleiner als der Mars. Aus Lichtveränderungen, die Herschel am 8. wahrgenommen, hat er geschlossen, daß dieser Mond dem Saturn immer dieselbe Seite zukehrt.

25. Von den in neuerer Zeit entdeckten Planeten.

Uranus wurde den 13. März 1781 von Herschel entdeckt.

Umlaufszeit des Uranus 84 Jahre 6 Tage; mittlere Entfernung von der Sonne 19,182; Neigung 0° 46″; Excentricität

$\frac{1}{21}$; scheinbarer Durchmesser 4″; wahrer Durchmesser $4\frac{1}{3}$; körperlicher Inhalt 82. -- Uranus hat einen nur matten Schimmer; mit bloßem Auge ist er nicht leicht zu erkennen.

Herschel hat noch 6 den Uranus begleitende Monde entdeckt. Jedoch ist nur von vier derselben die Existenz unbestritten gewiß. Am öftersten sind der 2te und 4te wiedergesehen worden; sie zeigen einen starken Lichtwechsel, sind um 17 und 23 Halbmesser des Uranus von diesem entfernt und umkreisen ihn in 8 Tagen 17 St. und 13 Tagen 11 St. Ihre Bahnen sind auf der Erdbahn beinahe senkrecht, und die Richtung ihrer Bewegung geht von Osten nach Westen, während sich die Monde der andern Planeten, so wie alle Planeten selbst, von Westen nach Osten bewegen.

Neptun wurde den 23. September 1846 von Galle auf Le Verrier's Veranlassung entdeckt. Letzterer hatte nämlich aus Störungen, die am Uranus beobachtet worden waren und gleichwohl von den bekannten Planeten nicht herrühren konnten, auf das Dasein eines noch unbekannten Planeten geschlossen und die muthmaßlichen Elemente seiner Bewegung, so wie seinen Ort, für jenen Zeitpunkt berechnet.

Umlaufszeit des Neptun 164 Jahre und 226 Tage; mittlere Entfernung von der Sonne 30,036; Neigung 1° 47′; Excentricität $\frac{1}{118}$; scheinbarer Durchmesser $2\frac{7}{10}$ Sec.; wahrer Durchmesser $4\frac{7}{10}$; körperlicher Inhalt 100.

Ein von Lassell im August 1847 entdeckter Trabant des Neptun hat eine Umlaufszeit von 5 Tagen 21 St. und ist um 12 Halbmesser des Neptun vom letztern entfernt; seine Bahn ist gegen die Ekliptik 34° geneigt. — Im August 1850 entdeckte Lassell einen zweiten Trabanten.

Schon lange vermuthete man, daß sich in dem Raume zwischen Mars und Jupiter ein Planet befände. (Bode's Gesetz zwischen den Entfernungen der Planeten von der Sonne.) Diese Vermuthung bestätigte sich, als Piazzi den 1. Januar 1801 die Ceres entdeckte. Bald darauf wurden in demselben Raume noch 3 andere Planeten: Pallas von Olbers den 28. März 1802, Juno von Harding den 1. September 1804, Vesta von Olbers den 29. März 1807 entdeckt. — Die folgenden Elemente gelten für den 23. Juli 1831.

	mittl. Entf. v. d. Sonne.	Umlaufszeit.	Neigung.	Excentr.
Vesta	2,361	3 J. 230 T.	7° 8′	$\frac{1}{11}$
Juno	2,669	4 „ 132 „	13 2	$\frac{11}{43}$
Ceres	2,771	4 „ 224 „	10 37	$\frac{1}{13}$
Pallas	2,773	5 „ 225 „	34 36	$\frac{8}{33}$

Die Durchmesser dieser vier Planeten sind sehr klein. Den größten unter ihnen hat, wie es scheint, Pallas; er beträgt nach Lamont 145 Meilen. Vesta hat nach Mädler einen Durchmesser von 66 Meilen.

In demselben Raume zwischen Mars und Jupiter sind seit 1845 bis Ende 1852 noch neunzehn, als Sterne der 8. bis 11. Größe erscheinende, kleine Planeten aufgefunden worden:

1845: Asträa H.; 1847: Hebe H., Iris H., Flora H.;
1848: Metis Gr.; 1849: Hygiea dG.;
1850: Parthenope dG., Victoria H., Egeria dG.;
1851: Irene H., Eunomia dG.;
1852: Melpomene H., Psyche dG., Thetis L., Fortuna H., Massilia dG., Lutetia G., Calliope H., Thalia H.

Die beigefügten Buchstaben H, H, Gr, dG, L, G bezeichnen die Namen der Entdecker: Hencke, Hind, Graham, de Gasparis, Luther, Goldschmidt.

Unter allen diesen 23 kleinen Planeten kommt Flora dem Mars und Hygiea dem Jupiter am nächsten. Die mittlere Entfernung der Flora von der Sonne ist 2,202, die der Hygiea 3,151. Die Umlaufszeiten dieser zwei Planeten sind 3 Jahre 97 Tage und 5 J. 217 T. — Die größte Neigung gegen die Ekliptik hat noch immer die Pallasbahn; ihr zunächst kömmt die Neigung der Bahn der Egeria von 16° 33′; die Bahnebene der Massilia fällt mit der Ebene der Ekliptik beinahe zusammen. — Die größte Excentricität hat die Bahn der Lutetia; sie beträgt ¼. — Verschlungene Lage der Bahnen.

26. Von den Kräften, durch welche die Bewegungen der Planeten hervorgebracht werden.

Das Gesetz der Trägheit. — Kraft; beschleunigende, bewegende Kraft. Das Parallelogramm der Kräfte. — Bewegung eines Körpers, der einen Stoß erhalten hat und von einer nach einem festen Punkte zu gerichteten Kraft fortwährend getrieben wird. Die gerade Linie von diesem Punkte nach dem sich bewegenden Körper beschreibt in gleichen Zeiten gleiche Flächen. Hiernach und in Folge des zweiten der drei Kepler'schen Gesetze wird jeder Planet von einer nach der Sonne gerichteten Kraft getrieben, oder, wie man sich ausdrückt: er wird von der Sonne angezogen. Diese anziehende Kraft ist in Folge des ersten jener drei Gesetze für jeden Planeten einzeln umgekehrt dem Quadrat seiner Entfernung von der Sonne proportional. Nach dem dritten Gesetze aber steht sie auch von einem Planeten zum andern im umgekehrten Verhältnisse des Quadrats der Entfernung.

Eben so, wie die Bewegung der Planeten um die Sonne durch eine anziehende Kraft der Sonne, wird auch die Bewegung des Mondes um die Erde durch eine anziehende Kraft der Erde erklärt. Es ist dies dieselbe Kraft, welche alle irdischen Gegenstände, wenn sie von der Erde getrennt werden, nach ihr zurücktreibt. Auf gleiche Art werden auch die Bewegungen der übrigen Monde um ihre Hauptkörper durch eine anziehende Kraft der letztern hervorgebracht. Denn diese Bewegungen richten sich ebenfalls nach Kepler's Gesetzen.

Newton (geb. 1642, gest. 1727) folgerte aus diesen und ähnlichen von ihm angestellten Untersuchungen, daß je zwei Theile der Materie sich gegenseitig anziehen, und daß diese anziehende Kraft sich direct wie die Masse des anziehenden Theils und umgekehrt wie das Quadrat seiner Entfernung vom angezogenen Theile verhält.

Es werden daher nicht nur die Planeten von der Sonne, sondern auch diese von jenen, und überhaupt je zwei Körper des Systemes von einander, angezogen. Hierdurch werden alle kleinen Abweichungen von den Kepler'schen Gesetzen in dem Laufe der Planeten, das Rückwärtsgehen der Aequinoctien, die Ebbe und Fluth 2c. auf das vollkommenste erklärt. — Störungen. — Stabilität des Planetensystems. Unveränderlichkeit der mittlern Entfernungen und folglich auch der Umlaufszeiten. Enge Grenzen, zwischen denen die Veränderung der Excentricität und die Veränderung der Neigung jeder Planetenbahn eingeschlossen ist.

27. Von der Masse und der Dichtigkeit der Planeten.

Durch Vergleichung der anziehenden Kräfte, welche die Erde auf den Mond und die Sonne auf die Erde ausüben, erhält man nach Newton's Gesetz das Verhältniß der Erdenmasse zur Sonnenmasse. Auf eben die Art ergeben sich die Massen des Jupiter, Saturn und Uranus im Vergleich zur Sonnenmasse. Die Massen der Planeten Venus und Mars, welche keine Begleiter haben, lassen sich durch die Störungen bestimmen, die jeder von ihnen im Laufe der übrigen Planeten hervorbringt. Die Masse des Merkur ist erst vor wenigen Jahren durch ihren Einfluß auf den dem Merkur im Jahre 1838 ziemlich nahe gekommenen Encke'schen Kometen bestimmt worden.

Aus den Verhältnissen der Massen finden sich die Verhältnisse der Dichtigkeiten der Planeten, da sich die Dichtigkeiten zweier Körper direct wie die Massen und umgekehrt wie die Räume der Körper verhalten.

Die Dichtigkeit der Erdkugel ist durchschnittlich 5½ mal so groß, als die des Wassers. Versuche und Beobachtungen, die zu diesem Ende von Maskelyne, von Cavendish, von Baily und zuletzt von Reich (in Freiberg 1837 und 1849—50) angestellt worden sind, haben resp. die Resultate 4,71; 5,45; 5,66; 5,44 und 5,58 gegeben.

Aus den Verhältnissen zwischen den Massen und den räumlichen Größen der Sonne und der Planeten lassen sich noch die Verhältnisse zwischen den Gewichten berechnen, mit denen ein und derselbe Körper auf den Oberflächen der Sonne und der verschiedenen Planeten lastet. Proportional diesen Gewichten sind die Längen der Secundenpendel (auf der Erdoberfläche im

Mittel 3,06 par. Fuß), so wie die Fallräume der Körper in der ersten Secunde (auf der Erdfläche im Mittel 15,09 par. Fuß.)

	Masse.	Dichtigkeit.	Gewicht auf der Oberfläche.
Sonne	359551	0,252	2854
Merkur	$\frac{1}{14}$	1,234	48
Venus	$\frac{17}{19}$	0,940	92
Erde	1	1,000	100
Mars	$\frac{2}{15}$	0,958	50
Jupiter	343	0,243	272
Saturn	103	0,140	122
Uranus	15	0,178	77
Neptun	24	0,230	108
Mond	$\frac{1}{81}$	0,672	17

V. Von den Kometen.

28. Aeußeres Ansehen und scheinbare Bewegung der Kometen.

Die Kometen haben eben so, wie die Planeten, eine eigene Bewegung, unterscheiden sich aber von ihnen schon durch ihr nebelartiges Ansehen. — Kern, Kopf, Schweif. — Der Schweif ist in der Regel von der Sonne abgekehrt. Mannigfache Form und Größe der Schweife; häufige Veränderung derselben. Kometen ohne Schweife. Einige Kometen sind am hellen Tage sichtbar gewesen, viele andere in der Nacht nur durch Fernröhre.

Die Kometen folgen nicht dem Thierkreise, sondern bewegen sich nach allen möglichen Richtungen, bald geschwinder, bald langsamer. Gemeinhin nähern sich die Kometen nach ihrem ersten Erscheinen der Sonne, werden unsichtbar und kommen dann auf der andern Seite der Sonne wieder zum Vorscheine. Die ganze Dauer der Sichtbarkeit beträgt gewöhnlich nur einige Monate, selten viel über sechs. — Verzeichnisse von Kometen bei älteren Schriftstellern. — Meinungen der Alten über die Natur der Kometen.

29. Wahre Bewegung der Kometen.

Ein von der Sonne nach dem Newton'schen Gesetz der Schwere angezogener Körper kann sich um sie, statt in einer Ellipse, auch in einer Parabel oder Hyperbel bewegen. Verallgemeinerung der Kepler'schen Gesetze. — In der Regel ist das von einer Kometenbahn zu beobachtende Stück schwer von einer Parabel zu unterscheiden, und wenn sich ein Unterschied zeigt, so giebt derselbe eine elliptische Bahn zu erkennen. — Große Excentricität der Kometenbahnen und daraus folgender großer Unterschied zwischen der Geschwindigkeit im Perihel und im Aphel. Die Bahnen der Kometen unterscheiden sich von denen der Planeten, außer ihrer großen Excentricität, noch dadurch, daß sie gegen die Ekliptik alle möglichen Neigungen haben; auch bewegen sich die Kometen nicht blos recht-, sondern auch rückläufig um die Sonne. — Einwirkung der Planeten auf die Bewegung der Kometen, insbesondere auf den Kometen von 1770. Elemente einer Kometenbahn. Berechnung der Elemente aus drei Beobachtungen. — Da bei den meisten Kometen das sichtbare Stück der Bahn parabolisch ist, so kann bei ihnen die große Axe und also auch die Umlaufszeit nicht angegeben werden.

Nach Galle's Aufzählung sind bis zur Mitte von 1847 178 Bahnen berechnet worden. Seitdem bis Ende 1852 hat man 15 neue Kometen entdeckt und berechnet. — Die Anzahl aller existirenden Kometen beträgt wahrscheinlich viele Tausende.

30. Von den Kometen, deren Umlaufszeiten bekannt sind.

Komet.	Größte Entfern. v. d. Sonne.	Kleinste Entfern. v. d. Sonne.	Neigung.	Bewegung.
von Halley	35,4	0,6	18°	rücklf.
— Encke	4,1	0,3	13°	rechtlf.
— Biela	6,2	0,9	13°	rechtlf.
— Faye	5,9	1,7	11°	rechtlf.

Der Halley'sche Komet, so genannt nach Edmund Halley, welcher ihn nach seiner Erscheinung im Jahre 1682 berechnete und das Resultat fand, daß er eine Umlaufszeit von nahe 76 Jahren habe, schon in den Jahren 1456, 1531, 1607 gesehen worden sei und gegen das Jahr 1759 wiederkehren werde. — Verschiedenheit seiner Größe bei seinen früheren Erscheinungen. Merkwürdigkeiten bei seiner letzten Erscheinung im Jahre 1835, wo er am 16. November durch seine Sonnennähe ging.

Der Encke'sche Komet wurde von Pons in Marseille den 26. November 1818 entdeckt. Encke berechnete seine Bahn und erkannte daraus seine kurze Umlaufszeit von 3 Jahren und 113 Tagen. Früher war er schon 1786, 1795 und 1805 beobachtet worden. Seit 1818 hat man ihn regelmäßig 1822, 25, 28, 32, 35, 38, 42, 45, 48, 51 gesehen. Er ist nur durch das Fernrohr wahrzunehmen und hat keinen merklichen Schweif. — Encke fand bei der Berechnung dieses Kometen, daß jede Wiederkehr zum Perihel einige Stunden früher eintritt, und schloß daraus, daß sich die Himmelskörper in einem, obschon äußerst feinen, widerstehenden Mittel bewegen.

Der Biela'sche Komet wurde von v. Biela den 28. Febr. 1826 zu Josephstadt in Böhmen, als ein kleiner lichtschwacher Nebel ohne Schweif, entdeckt. Seine Umlaufszeit beträgt 6 Jahre 270 Tage. Man fand, daß er schon in den Jahren 1772 und 1805 gesehen worden; 1832 hat man ihn wieder beobachtet. Bei seiner Erscheinung im Jahre 1846 zertheilte er sich in zwei Kometen, beide mit Kopf und Schweif, doch von ungleicher Größe, die anfangs 3, später 6 Minuten von einander abstanden. Im September 1852 ist in Rom der Hauptkomet wiederum mit einem, jedoch äußerst lichtschwachen, Begleiter wahrgenommen worden.

Außer diesen vier Kometen hat man keinen mit Gewißheit mehr als einmal gesehen.

Unter den erst einmal erschienenen Kometen, deren Umlaufszeiten mit hinreichender Sicherheit erkannt worden, sind insbesondere drei zu nennen, welche eben so, wie die Kometen von Encke, Biela und Faye, die Sonne innerhalb weniger Jahre umkreisen. Sie wurden 1844, 1846 und 1851 von de Vico,

Brorsen und d'Arrest entdeckt, und ihre Umlaufszeiten betragen: 5 J. 170 T., 5 J. 213 T., 6 J. 162 T. Es haben diese drei Kometen mit den drei erstgenannten außer den kurzen Umlaufszeiten auch noch dieses gemein, daß sie insgesammt sich rechtläufig bewegen, daß die Neigungen ihrer Bahnen nur mäßig sind, (die größte Neigung, 31°, hat Brorsen's Komet, die übrigen nicht über 14°) und daß ihre Bahnen selbst sich ungleich mehr, als die der übrigen Kometen, der Kreisform nähern.

Der Olbers'sche Komet, von Olbers entdeckt den 6. März 1815, hat eine Umlaufszeit von 74 Jahren.

31. Physische Beschaffenheit der Kometen.

Die Größe des Kerns ist schwer zu bestimmen. Viele Kometen scheinen gar keinen, oder nur einen sehr kleinen Kern zu haben.

Größe des Kopfs bei verschiedenen Kometen. Bei einigen Kometen hat sich der Kopf in der Sonnennähe vermindert gezeigt.

Der Schweif schließt sich bei den meisten Kometen unmittelbar an den Kopf an. Bei einigen, namentlich bei dem von 1811, war er vom Kopfe durch einen dunklen Raum getrennt. Doppelschweif des von 1811. Sechsfächeriger Schweif des von 1744. — Der Schweif ist in der Regel nach der Seite hingebeugt, von welcher der Komet herkömmt. — Kometen mit mehreren Schweifen. Nebenschweife. — Veränderlichkeit der Schweife. — Längen verschiedener Schweife. — Hypothesen über die Entstehung der Schweife.

Aeußerst geringe Masse und Dichtigkeit der Kometen. Durchsichtigkeit derselben. Sie glänzen mit zum Theil wenigstens reflectirtem Sonnenlichte, vielleicht auch mit eigenem. — Höchst geringe Wahrscheinlichkeit des Zusammentreffens eines Kometen mit der Erde. Zusammentreffen des Biela'schen Kometen mit der Erde. — Vermutheter Einfluß der Kometen auf unsere Atmosphäre.

VI. Von den Fixsternen.

32. Von den Fixsternen im Allgemeinen.

Vertheilung der Sterne in Bilder. Namen einzelner Sterne. Bezeichnung der Sterne durch Buchstaben und Zahlen. Sternchartten und Sternkataloge.

Eintheilung der Sterne nach dem Grade ihres Glanzes in Sterne der 1sten, 2ten, 3ten u. s. w. Größe. Ein gutes Auge sieht noch die Sterne der 6ten Größe. — Sirius, der glänzendste unter den Fixsternen, hat nach J. Herschel fast 200 mal so viel Licht, als ein Stern 6ter Größe.

Argelander zählt 20 Sterne der 1sten, 65 der 2ten, 190 der 3ten, 425 der 4ten, 1100 der 5ten und 3200 der 6ten Größe. Die Zahl aller Sterne bis zur 6ten Größe beträgt hiernach 5000. Die Zahl aller Sterne bis zur 9ten Größe rechnet Argelander zu 200 000.

Die Entfernung der Fixsterne von uns ist im Allgemeinen nicht meßbar; sie ist größer, als 200 000 Halbmesser der Erdbahn, d. i. größer als 4 Billionen Meilen; die Zeit, welche das Licht gebraucht, um von ihnen bis zu uns zu gelangen, muß hiernach mehr als 3 Jahre betragen. Für den Stern α in der Leier hat Struve diese Zeit $12\frac{1}{2}$ Jahre gefunden; für den Doppelstern 61 im Schwan hat Bessel gegen 9 Jahre erhalten; für α im Centaur haben Henderson und Maclear einen Lichtweg von $3\frac{1}{2}$ Jahren gefunden. — Bei dieser über Alles großen Entfernung der Fixsterne kann ihr Licht nicht von der Sonne herrühren, sondern muß ihnen eigenthümliches Licht sein.

Die Fixsterne erscheinen in den Fernröhren als bloße Punkte, und diese Punkte sind desto feiner, je besser die angewendeten Instrumente sind.

An sehr vielen Fixsternen hat man eine eigene Bewegung beobachtet, und wahrscheinlich gibt es keinen, der eine solche nicht hätte. Der Doppelstern 61 des Schwans bewegt sich $5\frac{1}{10}$

Secunden jährlich. Die größte bis jetzt erkannte Eigenbewegung hat ein Stern im Hintertheile des Schiffs; sie beträgt $7\frac{7}{10}$ Sec. jährlich. Diese Bewegung der Fixsterne mag zum Theil nur scheinbar sein und von einer Bewegung unseres Sonnensystemes herrühren. Nach Argelander ist letztere Bewegung nach einem zwischen ε und λ des Herkules liegenden Punkte gerichtet.

33. Von veränderlichen und neuen Sternen.

Mehrere Sterne erscheinen in Perioden von bestimmter Dauer bald heller, bald dunkler und verschwinden auch wohl auf einige Zeit. Es gehören dahin

	Periode.				Veränd. der Größe.		
o im Wallfische	331	Tage	20	St.	2	bis	unsichtb.
β im Perseus	2	=	21	=	2	=	4
δ im Cepheus	5	=	9	=	3	=	5
χ im Schwan	406	=	1	=	4	=	11
α im Herkules	66	=	8	=	3	=	4
β in der Leier	6	=	9	=	3	=	$4\frac{1}{2}$

Vermuthungen über die Ursache dieser Veränderlichkeit.

Man hat bisweilen Sterne an Orten gesehen, wo vorher keine waren. Tycho entdeckte im Jahr 1572 einen solchen in der Cassiopeia, der anfangs sogar am Tage sichtbar war. Kepler entdeckte im Jahr 1604 einen neuen Stern der 1sten Größe im östlichen Fuße des Schlangenträgers; Anthelm im Jahre 1670 einen Stern der 3ten Größe am Kopfe des Fuchses. Im April 1848 entdeckte Hind einen neuen röthlich gelben Stern 5ter Größe gleichfalls im Schlangenträger. Alle diese Sterne sind aber nur wenige Jahre sichtbar gewesen.

Bei vielen Sternen bemerkt man eine allmählige Veränderung ihres Glanzes und ihrer Farbe. Altair im Adler wird von Ptolemäus zur 2ten, jetzt zur ersten Größe gerechnet. Der Stern δ im großen Bären ist nach Tycho von der 2ten, jetzt nur von der 4ten Größe. Das Licht des Sirius war ehedem röthlich, jetzt ist es weiß.

34. Von den Doppelsternen.

Es gibt viele Sterne, die, wenn Fernröhre mit hinreichend starker Vergrößerung angewendet werden, in zwei aufgelöst erscheinen. Der ältere Herschel, und in unseren Zeiten der jüngere Herschel, South und Struve, haben sehr ausgedehnte Kataloge solcher Doppelsterne geliefert. Struve hat unter etwa 120 000 durchmusterten Sternen über 3000 Doppelsterne gefunden, wonach durchschnittlich jeder 40ste Stern ein Doppelstern ist. — Größere Zahl der Fälle, in welchen die zwei Sterne nahe bei einander sind, als derjenigen, in welchen sie weiter auseinander stehen. — Verhältnißmäßig größere Zahl von Doppelsternen unter den helleren Sternen. — Viel häufiger sind zwei Sterne von gleicher Größe, als von ungleicher, zu einem Doppelsterne verbunden.

Alles dieses beweist, daß die meisten Doppelsterne es nicht bloß optisch, sondern auch physisch sind. Bei vielen gibt sich die physische Nähe der beiden Sterne noch kund durch ihr gemeinschaftliches Fortrücken unter den übrigen Sternen, besonders aber durch die Bewegung des einen Sternes um den anderen. Diese Bewegung geschieht ganz auf dieselbe Weise, nach welcher sich die Planeten um die Sonne drehen, und das Gesetz der gegenseitigen Anziehung, welches in unserem Sonnensysteme herrscht, muß daher auch jenseits in den Systemen der Doppelsterne walten. Bei mehr als 400 Doppelsternen hat man eine Veränderung der gegenseitigen Stellung mit Gewißheit erkannt. Von etwa 20 unter ihnen kennt man die Elemente des Umlaufes des einen Sternes um den anderen. Die kürzeste Umlaufszeit hat man bei ζ im Herkules gefunden, wo sie 30⅛ Jahre beträgt.

Farben der Doppelsterne. Die Farbe des größeren Sternes neigt sich meistens zum Gelben und Rothen, während der kleinere in blauer oder blaugrüner Farbe erscheint. — Die einfachen Sterne haben nur weißes oder gelbliches oder röthliches Licht.

Vielfache Sterne.

35. Von der Milchstraße.

Die Mittellinie dieses den Himmel umgebenden lichtvollen Gürtels weicht nur wenige Grade von einem größten Kreise ab. Der Nordpol dieses Kreises liegt über dem Haar der Berenice, der Südpol beim Schwanze des Wallfisches. Die Breite der Milchstraße ist im Einhorn am größten, = 17 Gr., unter den Hinterfüßen des Centauren am kleinsten, = 2 Gr. — Abgesonderte Aeste und dunkle Stellen in derselben. — Verschiedenheit ihres Lichtglanzes. — Sie ist der Schimmer von unzählig vielen sehr nahe bei einander stehenden Sternen. — Von William Herschel versuchte Zählungen der Sterne an einigen Stellen der Milchstraße. Ueberhaupt fand Herschel, daß, jemehr man sich der Milchstraße nähert, der Himmel desto reicher an Sternen wird.

Die Erscheinung der Milchstraße hat nach Herschel darin ihren Grund, daß wir uns nahe in der Mitte eines Systemes von Sternen befinden, welche einen linsenförmigen Raum einnehmen und darin ziemlich gleichförmig vertheilt sind. Muthmaßliche Dimensionen dieser Linse in Siriusweiten ausgedrückt.

Abweichungen von der gleichförmigen Vertheilung. Sternhaufen.

36. Von den Nebelflecken.

So nennt man kleine mehr oder weniger lichte Stellen am Himmel, die, durch Fernröhre betrachtet, größtentheils ihr nebelartiges Ansehen behalten, zum Theil aber auch in Sterne auflösbar sind. Die Kataloge der Nebenflecke von Will. Herschel und John Herschel enthalten gegen 4000 derselben. — Einige haben ein gleichförmiges, aber sehr mattes Licht; an anderen unterscheidet man eine oder mehrere heller glänzende Stellen. — In Gruppen geordnete Nebel, deren jeder eine besonders helle Stelle hat. — Nebel von besonders merkwürdigen Formen. Doppel- und vielfache Nebel, die es meistens gewiß physisch, nicht bloß optisch, sind. — Völlig runde Nebel, deren Licht gegen die Mitte regelmäßig zunimmt. — Sternige Nebel, d. i. Nebel mit einer kleinen hellen Lichtscheibe in der Mitte. — Planetarische Nebel; sie sind rund und haben ein gleichförmiges starkes Licht. — Mit Nebel umgebene Sterne oder Nebelsterne. Sterne mit Nebelringen, mit Nebelarmen. Mit Nebel umgebene Doppelsterne. — Auflösbare Nebel. Zuweilen sind in einem Raume, der nur 8 bis 10 Minuten im Durchmesser hat, 10 bis 20tausend Sterne enthalten. Durch das vor wenigen Jahren vom Lord Rosse gebaute Spiegelteleskop (Länge 50 engl. Fuß, Oeffnung 6 Fuß) sind sehr viele der bisher nicht auflösbaren und zum Theil für leuchtende Dunstmassen gehaltenen Nebel als dichtgedrängte Sternhaufen erkannt worden.

Besonders merkwürdige Nebel: Der Nebel in der Andromeda, im Jahr 1612 von Simon Marius zuerst bemerkt. Der Nebel im Orion, 1656 von Huygens entdeckt. Die Nebelflecken im Schützen, im Schwan, im Fuchs; ringförmiger Nebel in der Leier; Spiralnebelfleck im nördlichen Jagdhunde. Die zwei Magellanischen Wolken.

Den Gegensatz von Sternhaufen und Nebelflecken bilden einige sehr sternenarme und deshalb dunkel erscheinende Stellen des Himmels; die auffallendste unter ihnen ist der sogenannte Kohlensack im südlichen Kreuze.

Die vorzüglicheren bei uns sichtbaren Sternbilder nach ihrer gegenseitigen Lage geordnet.

Nördliche Sternbilder.			Südliche Sternbilder.	
		Fische		Wallfisch Eridan.
Cepheus Cassiopeia	Andromeda			
	Triangel	Widder		
	Perseus			
		Stier		
	Fuhrmann		Orion Haase	
		Zwillinge	Gr. Hund	
	Luchs		Einhorn	
Kleiner Bär. Drache (Schwanz) Großer Bär		Krebs	Kl. Hund	
	Kleiner Löwe	Löwe		Wasser — schlange
	Haar der Berenice		Becher	
	Bootes	Jungfrau		
	Nördl. Krone		Rabe	
Drache (Kopf)		Waage		
Herkules	Schlangen-halter u. Schlange	Skorpion		
Leier		Schütze		
Pfeil	Adler			
Schwan	Delphin	Steinbock		
	Füllen		Südl. Fisch	
		Wassermann		
	Pegasus			
		Fische		

Druck von J. B. Hirschfeld in Leipzig.

www.ingramcontent.com/pod-product-compliance
Lightning Source LLC
La Vergne TN
LVHW092105300926
849161LV00002B/44